U0176040

发言人
周智修
发言人

主持人
朱海燕
发言人

大家说茶艺

主编　中国茶叶学会

首批全国优秀出版社
中国农业出版社
农村设物出版社

图书在版编目（CIP）数据

大家说茶艺 / 中国茶叶学会主编. — 北京：中国农业出版社，2020.3（2020.6重印）
ISBN 978 – 7 – 109 – 26092 – 4

Ⅰ. ①大… Ⅱ. ①中… Ⅲ. ①茶文化 — 中国 Ⅳ. ①TS971.21

中国版本图书馆CIP数据核字（2019）第247972号

大家说茶艺

DAJIA SHUO CHAYI

中国农业出版社出版
地址：北京市朝阳区麦子店街18号楼
邮编：100125
责任编辑：李　梅
版式设计：水长流文化　　责任校对：吴丽婷
印刷：中农印务有限公司
版次：2020年3月第1版
印次：2020年6月北京第2次印刷
发行：新华书店北京发行所
开本：710mm × 1000mm　1/16
印张：8.75　插页：2
字数：250千字
定价：49.00元

版权所有 · 侵权必究
凡购买本社图书，如有印装质量问题，我社负责调换。
服务电话：010 – 59195115　010 – 59194918

编委会

顾　问：江用文

主　编：周智修

副主编：薛　晨　于良子　刘伟华

编著者：（按姓氏音序排列）

蔡荣章　陈颜妹　冯　雪　关剑平　贺益娥　金　华

李亚莉　林夏青　刘汉群　罗　萍　钱群英　王海兰

王旭烽　王　莺　肖　蕾　杨　柳　杨　洋　叶汉钟

尹军峰　张星海　张学广　朱海燕

审　稿：阮浩耕　俞永明　张琴梅

摄　影：俞亚民

序

2016年初夏，中国茶叶学会茶艺专业委员会在杭州举办了一场“茶艺研究与推广沙龙”。来自16个省、自治区、直辖市的茶学专家、茶文化研究者、茶艺爱好者和中国茶叶学会茶艺专业委员会委员共80余人参加此次沙龙。

沙龙以“茶艺传承、创新和发展”为主题，围绕茶艺领域的十个热点、焦点议题开展研讨，所选议题覆盖面广，既有茶艺的理论探索，例如：茶艺的定位、内涵，茶艺的艺术性与普及性的关系，茶席的审美价值等；也有茶艺实践亟待解决的实际问题，例如：茶需要洗吗，自创茶艺的创意设计要求等。沙龙注重营造平等、自由、开放和宽松的学术氛围，与会代表畅所欲言，坦诚交流，深入切磋，给与会者带来了非常良好的感受。发言人精心准备，平和的阐述中饱含智慧的火花，不同观点相互碰撞，闪烁着理性的光辉。研讨交流气氛活跃，高潮迭起，既有争鸣，又有共鸣。

本次沙龙既有较强的学术性，又具有实践指导性。回顾这几年来的中国茶艺发展，通过沙龙研讨达成诸多共识，使茶艺中的不少偏差和问题得到了矫正和解决，促进茶艺向良性、健康的方向发展。

沙龙上，中国茶艺领域的精英们，带着对茶艺的热爱和问题相聚在杭州，又带着满满的思想收获，回到各自的故乡；今天，他们又以文字的形式相聚在《大家说茶艺》，风采重现。

书如茶，一卷在手，清风徐来，何其醇爽、酣畅。相信该书的出版，为当年没有机缘参会的茶艺工作者和广大茶艺爱好者提供了成果分享和学习的机会；更相信，该书出版对今后中国茶艺的发展将产生重要的影响。

2019年10月

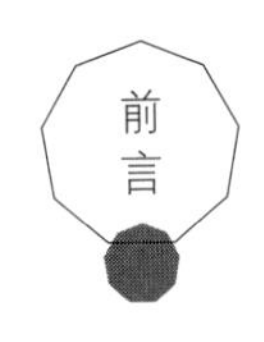

前言

茶艺是一门综合艺术，是科学、文化、艺术与生活的完美结合。我国茶艺事业自20世纪80年代开始复兴，经过多年蓬勃发展，为增强文化自信、促进茶产业发展作出了积极贡献。

茶艺如何传承、如何创新、如何发展是现阶段每一位茶艺工作者需要思考的问题。

为使中国茶艺健康发展，2016年6月，中国茶叶学会主办、中国茶叶学会茶艺专业委员会承办了“茶艺研究与推广沙龙”。沙龙以“茶艺传承、创新和发展”为主题，从前期征集的24个议题中精选了10个议题，邀请蔡荣章、王旭烽、于良子、周智修、朱海燕、关剑平、尹军峰、刘伟华、张星海等9位老师分别从“茶艺的定位”“当代茶艺的核心内涵与社会责任”“艺术性与普及性茶道”“茶席的审美价值”“茶需要洗吗”“创新茶艺之‘艺’”“自创茶艺的创意之源”“《毁茶论》对当下茶道审美取向的启示”“中华茶艺传承的文化基因”“茶艺研究与推广任重道远”等十个方面进行深度剖析。包括周星娣、叶汉钟、刘汉群、刘晓霞、王丽英、贾宁燕、肖蕾、李亚莉、张学广、沈黎明、钱群英等在内，全国16 个省、自治区、直辖市的茶领域专家、茶文化研究者、茶艺爱好者和各省级学会、涉茶院校、知名茶馆代表86人参加了本次沙龙。专家们抛出了一个又一个话题，开拓了参会代表们的思维和眼界，通过思想的交流和碰撞，激发出智慧的火花。有近百人次现场发言和讨论，学术氛围浓郁，探索踊跃而深入，交流轻松而热烈。

与会专家、学者们在宽松、平等、自由、开放的环境下，始终围绕着茶艺事业发展与行业构架等热点、焦点问题展开研讨。在一天短暂又紧凑的时光中，发掘了不少有价值的学术观点和意见建议。中国茶叶学会将沙龙现场讨论内容进行了整理，经发言专家确认后，现正式出版文集《大家说茶艺》。愿为激发茶艺行业新的思维火花和灵感，助推我国茶艺研究和推广发挥积极作用。

本书编委会

2019年10月

目录

主持人　周智修

时　间　2016年6月21日（上午）
地　点　杭州梅竺度假村酒店1楼多功能厅

各位专家、学者：

上午好！

欢迎大家参加中国茶叶学会主办的“茶艺研究与推广沙龙”。出席今天沙龙的有来自全国16个省市的86位专家和学者。

2007年，中国茶叶学会承办过中国科协的第3期“新观点·新思想”学术沙龙，主题是“茶与茶道的科学研究”。当时此类沙龙还比较少，中国茶叶学会经过积极争取，将“茶与茶道的科学研究”列入中国科协的“新观点·新思想”系列学术沙龙之中。第3期“茶与茶道的科学研究”沙龙专题在当时引起较大的反响，根据讨论的内容，编印出版了《茶与茶道的科学研究》一书，已经重印多次，对普及茶叶科学知识，弘扬茶道思想起到了积极的作用。

2013年，中国茶叶学会又一次承办中国科协第74期“新观点·新思想”学术沙龙，主题是“茶与健康的科学研究”，会后出版《茶与健康的科学研究》一书。这次沙龙对推广茶叶科学研究成果起到很好的作用。

今天沙龙的主题是“茶艺研究与推广”。我们并没有把它定位为学术沙龙，因为要提高到学术这个层面可能还有一段距离。今天这个沙龙为尚未成熟的思想、观点、灵感提供宽松、自由、平等的交流平台，旨在营造追求真理、活跃思想的氛围；弘扬、传承茶文化，促进茶艺创新。

“沙龙”这个词是外来语，源于欧洲。欧洲的一些贵妇人在自家的客厅里邀请社会名流，以科学、文化、艺术为话题进行讨论，沙龙引入中国后，以学术为主要议题的沙龙称之为“学术沙龙”。

既然是沙龙，那么就与学术研讨会、论坛有所不同。许多学者参加过学术研讨会，那是一种科学家把研究的进展或成果在会上进行发布交流，大家一起讨论的模式。而沙龙则不同，发言的议题可以是现在还尚未成熟的新想法、新灵感，提出来与大家一起碰撞。沙龙提倡平等，这里没有学术权威，也没有领导，今天摆的座位全部按照姓氏的拼音首字母排序的，没有主次之分，大家是在一个宽松、平等、自由、开放的环境下，交流、碰撞一些新思想、新观点。

本次沙龙围绕“茶艺研究与推广”主题，共有10个议题，上午安排5个，下午安排5个。讨论的形式是：每个议题先由一位发言者进行10分钟的主题发言，随后针对议题开展20分钟的讨论。讨论时，每人可以有一次发言机会，时长不超过3分钟，请大家掌握好时间。当然可以视情况申请第二轮或者第三轮发言，总之每个议题掌握在30分钟左右完成。

下面是第一个议题，有请中国农业科学院茶叶研究所于良子先生，他的主题发言题目是“茶席的审美价值”。大家掌声欢迎。

茶席的审美价值

于良子

主讲人简介

于良子，杭州人。中国农业科学院茶叶研究所高级实验师，中国茶叶学会茶艺专业委员会秘书长，中国国际茶文化研究会学术委员会委员，国家级茶艺职业技能竞赛裁判，西泠印社社员、中国书法家协会会员、浙江省书协篆刻创作委员会委员。长期从事茶叶质量检验、茶的历史文化研究和茶艺职业技能培训教育工作，并多次执裁国家级茶艺大赛。主要著作有《茶经注释》《翰墨茗香》《谈艺》《茶事百味》，合编著作有《茶艺师》《茶艺技师》《中国古代茶叶全书》《中国茶经》《中华茶叶五千年》《浙江省茶叶志》《中国茶叶大辞典》等。

各位老师、各位同仁，今天我讲的主题是茶席的审美价值，这些都是我平时思考的点滴，是一些不太成熟的想法，请大家指正。

茶席是以茶具为主，结合其他艺术元素构成的品茶空间。现代茶席往往具有独立的主题，也是一种特殊的艺术形式。谋求创作出更高水准的作品是研究茶席审美价值的意义所在。目前，对于茶席的审美价值的理论研究还不多，更多的是茶席创作实践活动，但是实践过程需要理论支撑，有了理论的支撑，这条路可能会走得更自觉一点，方向性更明确一些。茶席上，各种器物都有着其自然美的属性，同时它们又因和人与社会的联系而产生美感。所以在茶席的使用和审美感知过程当中，作为审美主体，即有审美能力的人，来参与创作或者欣赏一个茶席活动而产生审美体验，由此实现茶席的审美价值。我们分四个方面进行讨论。

□ 一、茶席的形式特点

茶席的形式，分为静态和动态两部分，两者各有特点。在茶席还没有进入到品茶活动的时候，属静止状态，静止状态自有其艺术美感，此时应如“无言的诗，立体的画，凝固的音乐”一般；一旦进入品茶活动，茶席是动态的，则如“流淌的诗，舒展的画，可视的音乐”。

□ 二、茶席的审美功能

茶席不仅仅是一组茶具及其他物件等的简单陈设，更是从茶的文化属性出发，将席面的形式与周围空间环境作一体化的艺术营造。它有两部分功能，一是把实用提升到与审美并存的艺术形态；二是特定的时空场景与定位对品茶境界的引导。这样的茶席会给我们一种特殊的感受，通过品茶艺术过程的引导，让我们进入到一定的境界中。

□ 三、茶席的审美差异性

茶席虽具有共性美，但是更有差异性，不同的环境与审美主体，对茶席审美差异产生着较大的影响。创作者和欣赏者两者的视角不一样，会产生不同的效果。茶席的构思和营造，是创作主体以自己的立场和视角来创作的作品，与欣赏者站在不同角度来欣赏茶席，会产生偏差，这是审美差异性产生的原因之一；其二是距离，这个距离当然有物理距离，但更主要的是主题与理解的差异，即主题的个性与典型性的关系，典型性直接关系到欣赏者对作品会不会产生共鸣；第三个原因是专业性，创作者和欣赏者所处环境、专业背景、生活背景等相差太大时，也会产生审美的差异；第四点是阅历，创作者和欣赏者的阅历和学养决定视角的宽度和高度，创作者有一定的学养、一定的阅历，创作茶席的视角也会高一些。同时的，欣赏者如果没有一定的阅历，缺乏审美素养，面对一个很精彩的茶席可能看不到或者理解不到其最精华的部分。

□ 四、茶席的审美价值

茶席能够给我们带来美好的一个空间，一段时光，一种意境。茶席即品茶艺术形式，能提供多重的审美感受和审美体验，在此时，除了一杯茶的滋味，同时我们还能感受到这杯茶与其他艺术形式相结合的综合美感。感官的立体交互审美以及体验，使我们在这样一个艺术氛围中品到一杯茶的浓淡与苦甜，而这种“滋味”与平时是不一样的。茶席的审美价值具有多样性，大致例举几个方面。

1.优美价值

现在看到的茶席审美价值大多属优美价值，优美价值在感性层面上看具有平和、和谐、完整、一致的美学特点。

2.崇高价值

崇高价值表现一种伟岸、伟大的力量，即经常说的主旋律等，具有催人向上，积极奋发的意境。

3.悲剧价值

悲剧价值往往是在一个与茶有关的亲情、友情关系中发生变故的过程中产生的美感，悲剧价值最大的艺术手法就是把有价值的东西“撕破”给人看。

4.荒诞价值

荒诞价值最大的特征是时空平面化、平板化。如把当下的人、事通过想象，思接千载，打破时空界限，古今结合叙事，即所谓“穿越”手法等。

茶席所具有的审美价值是通过我们的感知、体验并进行评价而来，其中一定会融入个人的评价标准和情感态度。评价的本身不能创造价值，但是审美价值一定经过评价才能被认识和掌握。茶席的水平反映创作主体的审美能力，评价的水平则反映审美主体的审美能力，双方的契合程度越高，审美价值的认同度越高。因此，茶席的创作者和欣赏者要有互动，并且双方的审美能力都应不断提高。

谢谢大家!

谢谢于老师！大家对于老师刚才讲的观点可以表示赞同，可以质疑，可以反驳，也可以提出别的新观点进行论述。

贺益娥：大家好，我是来自湖南的贺益娥。我觉得对于茶席的审美价值的评价标准应该返璞归真，并不是堆砌得越多就越有审美价值。现在很多茶席设计的呈现远看像圣诞树，近看像杂货铺。

一个好的茶席设计，既要有文化内涵，也要有美学内涵，茶席设计要有流水般的优美和顺畅，既要赏心悦目，又要能够使人全身心投入并享受其中。不管茶席也好，茶艺也好，我觉得能带给人们一种安静的力量就是审美的最高境界。

罗萍：大家好，我是来自贵州的罗萍，大学时在贵州大学艺术学院设计系主修视觉传达专业，毕业后从事茶艺工作至今，一直在学习茶席的审美和茶艺的审美这一方向。刚才听了于良子老师讲茶席设计很感动。我参加过很多次茶艺大赛。现今，随着茶产业的发展，茶已成为大多数人的生活必需品，茶艺也普及到千家万户，成了人们休闲娱乐、以茶会友、修身养性的媒介。

在茶艺“百花齐放”的今天，对于茶艺师，职业技能的要求越来越高。有艺术就有作品，茶席设计是静态的作品，它在视觉上传达了茶艺师择茶、择器、择水的能力和茶席主人的审美情趣！整个茶艺演示是动态的艺术作品，通过泡茶技艺传达茶席的主题。茶汤质量是从物质到精神的艺术作品，传达了茶席主人对茶性的认识，是专业技术能力的体现。而茶席作品又是一幅整体的、动静结合的画面，是欣赏者在感官上能够参与、精神上能够与茶艺师共鸣的艺术形式。现在，我们都希望看到不只是单纯形式上的表演，而是追求有内涵、有神韵的真正的茶艺，探寻茶席设计视觉上到底传达了什么给我们。我非常赞同于老师的观点，茶艺是创作者和欣赏者之间和谐同步的综合艺术。

刘汉群：大家好，我是来自广西的刘汉群。我认为茶席首先从审美和价值取向来说，应该符合中国传统审美的价值取向；第二，应该回归质朴和健康。茶席之所以美，就是因为我们赋予它某个主题，营造出某种意境。所以对茶艺主题来说，我认为茶艺、茶席应该是符合传统文化价值取向，符合当下正能量的一种传播，应提倡简朴的审美取向，有艺术性又有简朴的特点。

刘伟华：谢谢于老师！我是来自湖北的刘伟华。刚才听了于老师的发言我深受启发。平常我在学校里教课的时候，本身承担茶席设计这门课，通过这么多年的教学探索，一直非常希望对于茶席设计有一个理论的系统研究和指导，今天是一个很好的契机。今天，很多专家都谈出了自己的想法，个人有一个提议：这个组织，这个专业委员会，能否将近几年全国性的茶艺大赛中出现的经典茶席作品和全国茶席设计大赛的经典作品汇编成册，组织专家进行理论研究和剖析，形成一本茶席专著，公开出版，这样对于所有的本专业教师和所有的专业人员将是非常好的一件大事情。

王莺：谢谢于老师！我非常赞同于良子老师的一些观点，作为学生我是稚嫩的，可能我的观点也很粗糙，但是也想交流一下，学习一下。我毕业于上海师范大学音乐系，因为我喜欢茶艺，我看过很多茶席，将茶器具组合成一个固定的形式，让人感觉很美，但是这个“美”一直没有得到突破。不知道是否是被这些茶器具的一个固定形式束缚了。如何在这一点上寻求突破，这是我需要学习的一个方向。

另外，非常认同于老师说的优美价值、崇高价值、悲剧价值和荒诞价值这四个观点。我想谈谈音乐跟茶席的配合。我在观摩学习茶艺的时候，听到的音乐大多是是古琴、古筝，如《高山流水》《渔舟唱晚》等，我觉得都很美。还有一些结合了现代音乐风格的古琴、古筝也很美，但使用摇滚交响乐的很少。这是我个人稚嫩的一个想法，我觉得茶席音乐只需要吻合当下的情绪或者氛围，它可以是交响乐，可以是摇滚乐；只要吻合当时所处环境，如老师说的体现荒诞价值、悲剧价值的作品，配合《悲怆》以及《圆舞曲》都是值得尝试的。

杨柳：各位老师，大家上午好，我来自浙江温州，叫杨柳。刚才于良子老师关于茶席的审美价值的主题发言，让我想到了很多。我觉得返璞归真、回归自我这句话可以分开来看。

返璞归真是茶席众多风格中的一种，但茶席的风格不仅仅有返璞归真，我觉得还可以有华丽，可以有时尚，这和返璞归真不矛盾，核心是茶席的主角究竟是谁，那就是回归自我。如果茶席设计的目标是为了单独呈现一种绝对的美，那这个美容易失去其核心和本原。

茶席设计的本原应来源于茶、来源于泡茶者及设计者对于茶性的理解和所要呈现出一种怎样的茶汤品质和个性。茶席的美首先是功能上的可操作性实践，它要让泡茶者独立自在地完成茶汤创作的全过程，并表现出泡茶者的风格与个性。比如说，茶含有苦涩的一面，那这一面就会容易将人导向有一点空寂，有一点忧伤，这是茶特有的一种特质，容易让人们体会到返璞归真。但是如果有机会欣赏英国的下午茶，会发现那是很优雅很华丽的。所以最重要的是不同风格的泡茶的人，或者设计茶席的人要把握住茶的风格，并很好地驾驭茶的特性，围绕这样的主题去设计茶席，你就会知道茶席的质地、材料、功能如何与你的茶相匹配；品茗空间的气氛，包括音乐、插花及其他相关辅助的艺术手段该如何与你的茶相配合。我相信，一种潜在的艺术感染力会让来宾在这个艺术世界里慢慢地去感受，而不是一进来就认定这是一个什么风格，然后就这个风格来做出相应评价，这样的结果是艺术审美的空间被压抑。我觉得艺术的审美，包括茶的审美应该具有多样性，应该让欣赏的人根据自己的阅历，根据自己对茶的感悟，体会出丰富的茶席审美感受。

叶汉钟：大家好，我是叶汉钟，来自潮州。刚才听于老师说关于茶席的概念，是否可以补充上“茶席是以茶艺为主体，茶器为载体，是茶席设计者内心活动的外在表现”。因为正如杨柳说的，茶席设计是个人心理活动的表现，每个人都有各自的内心世界和不同的审美维度，所以设计也因人而异。如果能关注茶席设计者的内心世界，会使茶席的概念更加完善。

杨洋：各位老师大家好，我是杨洋。听完于老师的发言，我感同身受，也同意贺老师所讲的“茶席应该崇尚节俭”。但是我想，评价一个茶席是否美，是否应该加入这个茶席是不是有利于茶汤的表现这个标准。一个茶席再质朴或者再奢华或者有多么崇高的意义和主题，如果泡不出一杯好的茶汤，怎么能认为这个茶席是美的？茶席是否美，首先应该考虑这个茶席的布置是不是有利于表现一杯更完美的茶汤。

其次还有一个问题向于老师请教，刚才留意到于老师特别强调一点：“创作者和评价者应该在一定程度上去契合起来。”请问您是否认为这个茶席的设计应该让大家在某一个特定的时段或者空间内快速领悟到创作者的主旨或希望表达的精神？因为也许某一个茶席立意非常高远，但可能需要回味很久才能领悟。于老师是否认为应该在一定时间内能够让大家快速地领会到它的主旨呢？

主讲人

于良子：一个茶席是作品，在创作的时候，作者是根据自身的审美感觉和审美价值来创作，此时可能很少会想到迎合观众的口味。一般来说艺术是自己个性的表达，当然作者个性太玄太高，则可能对欣赏者而言是会有问题的。但如果这个作品确有价值，欣赏者不能理解，可能是欣赏者也是有问题。创作特别要避免走入媚俗，大家喜欢这个我就创作这个，唯市场化的迎合不是真正的艺术追求。

王海兰：各位老师、各位前辈、各位专家，我是来自无锡的王海兰，想请教于老师一个问题，茶席的概念是否有静态与动态的区别？

我们都知道平面模特和立体模特标准是不同的，还有摄影作品和电影作品标准也是不同的，这就是静态和动态的区别。比如说在茶席设计大赛的时候，布席拍照是静态的，而冲泡是动态的过程，这是需要累计起来评判吗？先有一个静态的评分，然后有一个动态的评分，再有不同的评分系数，然后汇总吗？昨天我在西湖边上逛了3个会员制茶馆，里面的茶席设计一般都是台湾或者日式风格；也去了大众茶馆，比如青藤茶馆、湖畔居的曲苑风荷店，茶席已经非常普及。

对茶席的定义，有关静态和动态，这个方面请教于老师。

主讲人

于良子：刚才讲到茶席有静态和动态，这是同一艺术形式的不同表现状态，两者是个完整体。两者之间是有联系且都具有其审美价值，但作为一个创作者或鉴赏者，看到静态茶席的时候应该联想到动态的情况，如茶具的布置有问题，一旦动作起来就会发现有诸多不顺畅或不符合茶艺之理的地方，这就自然会影响到原来的美感。因此，创作或评价一个静态的茶席，最好用动态的思路和眼光来看待。

李亚莉：各位同仁，大家好，我是来自云南的李亚莉。刚才听了各位老师的发言，我深有感触。

我们都知道，茶席应该是一个可以完美地呈现茶事活动多样性的平台，也是反映茶席创编者思想灵魂的空间。它的风格不管是朴质的还是奢华的，都要具备准确表达茶席主题的能力。结合前面各位老师的发言，在这里我想就“茶席的审美价值”这一议题简单说说我的想法。

在我看来，在茶席设计中，不管是什么类型，什么风格，完整性是茶席的首义。纵观现在很多的茶席设计，我们都会不自觉洞悉到一个非常普遍的问题：很多人在布置茶席的时候，单纯地为了席面的美观或者说主题的阐述，理所当然又避重就轻地将茶席中的器具毅然舍弃，比如典型的泡茶烧水的壶，在很多席面上甚至茶席之下都是没有的。这样的话，整个茶席都是不完整的。然而，在我看来，茶席设计的完整性是必需条件。众所周知，茶席的布置一般由茶具组合、席面设计、配饰选择、茶点搭配、空间设计五大元素组成。其中茶具是不可缺少的主角，其余的辅助元素则肩负着渲染、点缀和加强整个茶席的主题风格的作用。无水不以成席，如果茶席设计中连水壶、水都没有，我们应该怎么泡茶？这也是我在很多茶席设计比赛、活动中常常有的疑问。

同理茶席在设计的时候如果一味地考虑美观性而忽视其完整性，那就是有缺陷的、不完整的，会导致茶席的实用性和审美价值大打折扣。以上就是我想提出的观点，若能带给我们此次交流更多的灵感，我深感荣幸！

谢谢大家。第一单元讨论非常好，大家非常踊跃，相信通过讨论以后，大家对茶席以及茶席审美价值的认识会更加全面、更加丰富，由于时间关系，此议题告一段落。

下面第二个议题是“创新茶艺之‘艺’”，由刘伟华教授作主题发言。大家欢迎。

创新茶艺之『艺』

刘伟华

主讲人简介

刘伟华，湖北三峡职业技术学院教授，中华优秀茶文化教师，中国茶叶学会茶艺专业委员会委员，全国商业职业教育教学指导委员会委员，湖北省茶叶学会茶艺专业委员会副主任委员，宜昌市茶产业协会副会长，宜昌三峡茶文化研究会副会长。在中文核心期刊发表《茶文化对宜昌茶产业的推动作用研究》《宜昌茶馆业现状及发展应对策略》《基于岗位能力要求的高职茶文化专业课程体系构建》《中国古代文人茶礼述略》《茶产业文化化视域下的茶馆经营》等多篇论文。出版专著《在路上》《且品诗文将饮茶》，参编湖北省高等学校省级精品课程配套教材《三峡民俗文化》。

中国传统茶艺从晋代开始萌芽，唐时定型，宋时鼎盛，明清复归朴实清淡，期间流传至日本、韩国等地，形成日本抹茶道和韩国茶礼。中华传统茶艺经过长期积淀，形成千姿百态、异彩纷呈的茶艺形式。茶艺的类别，按思想内涵区分，有民族茶艺、宗教茶艺、文人茶艺等；按演示者区分，有成人茶艺、少儿茶艺等；按目的宗旨区分，有表演型茶艺、生活型茶艺、技能型茶艺和修行型茶艺等。

中华茶艺来自传统，却又面向未来，作为一门综合艺术，她的生命在于创新，但创新茶艺，最终落脚点还是茶艺。按照《说文解字》的释义，“艺”字的意思第一是指才能、技能、技术；第二是准则、法度、限度；第三是工艺、技艺、文艺、艺人、艺术。其中第三项里“艺术”的义项则是指戏剧、曲艺、音乐、美术、建筑、舞蹈、电影、诗和文学等的综合，特指富有创造性的方式、方法，形状独特而美观的事物等。

□ 一、对创新之“艺”的理解

从“艺”的释义来看，我们的茶艺之“艺”，至少应该包含以下几层意思：第一技能、技艺，第二准则、规范，第三创造性的方式、方法。茶艺是一门高尚的、高雅的、涵盖广泛的艺术形式。

因此，考量当代创新茶艺，自然应该从以下四方面入手，以突出茶艺之“艺”的本质。

1.首先是把握技能、技艺

不管是创新茶艺，还是传统茶艺，根本的落脚点还是泡茶技能、技艺，包括对茶类相关知识的熟悉和掌握程度，对茶文化发展简史的了解，对最基本茶类的茶叶冲泡方法（识茶、选具、布席、煮水、火候、茶量、冲泡、分茶、奉茶）的把握，对茶叶知识的介绍与传播等。这相当于我们茶艺竞赛中的规定茶艺的考核部分。

2.贵在创造

创新茶艺之“艺”，贵在创造。新时期的茶艺，要有新创意、新观念、新形态和新载体。茶艺作品如何与传统或当代生活现实发生联系，如何反映中国或世界，这是每个茶艺工作者要回答的问题。中国茶艺要走向世界，要得到世界的承认，还要靠茶艺师内在的创造力。我们鼓励茶艺准确深入阐释主题内涵，演示形式具有独创性，茶席设计与器具选配个性化。演示者通过形式新颖的创编和演示方法来展示茶的精神内涵和本质，让观赏者受到启发，产生共鸣，过目不忘。茶艺的审美主体与客体能够同时被茶艺传递的真善美所感动，甚至震撼。这个新颖创编，包括主题设计、茶席设计、空间设计、服饰设计、音乐设计、解说词设计、肢体语言设计等，无不力求做到主题鲜明深刻，搭配自如和谐，动作行云流水。人、茶、器、水、火、境的完美统一，让人体会到中国茶艺蕴含的空间美、艺术美、思想美、意境美。这几个要素里，关键是主题与内容的创新。主题的阐释，一是通过主题文本的解说词，二是通过其他要素的创新来辅助表达。文本阐释要简洁精炼，个人认为，在纯粹的茶艺演示中，演示者操作的同时不宜解说茶艺，一心二用不如专注一境的好。茶本来是“冲澹简洁，韵高致静，则非惶遽之时可得而好尚矣”，静心泡茶，才能尽可能地与茶共语，体悟这一泡茶的来之不易，保持一期一会的尊敬、感恩、怜惜之心。好的茶艺演示，应该能让观赏者观而明理、思而悟道。当然，如因演示目的不同，实有必要演示者同时解说，则另当别论。茶艺解说可作为旁白。

3.贵在传承

创新茶艺，贵在传承。新的时代背景下，茶艺要有所为有所不为，创新茶艺不能一味标新立异，而完全抛却传统。创新茶艺的创新，一定是有所继承的创新，这个继承，就是要继承一脉相承的茶文化的精髓、茶文化的核心——廉、美、和、敬。中国茶艺师如果能够把中国茶艺传统作为创意之源，就能够创造出全新而具有中国特色的茶艺作品。茶艺创新必须坚持基于民族文化基础之上，因为“只有民族的才具有本体的文化和艺术价值，也才是具有个性的贡献”。内容创新也好，形式创新也罢，中华民族传统文化这个主题是千百年来中国文化的最高精神和审美理想，应该是一以贯之、亘古不变的。任何时候，任何中国艺术，都要有充分的民族个性自觉。茶艺的灵魂是茶道，茶艺最本质的特征应该与茶道相吻合。因而，创新茶艺要展示其尚自然、求精进、修儒雅、得中和的内涵精神。

4.贵在准则与规范

创新茶艺，贵在准则与规范。就中国的茶艺而言，从冲泡的技艺来看，无论是何种泡法，都有几个基本的、不可或缺的环节，从备器到煮水，从备茶到温壶，从布席到泡茶，从分茶再到奉茶，每个阶段都是有一定规律可循的。这个规律，就是茶道赖以存在和沿袭的载体。在茶艺演示中，程式就意味着规矩，意味着规则与律条。简单、大气、雅致、精美、理性的茶艺流程，让人在体味茶的自由与率真之余，更多的是清醒、是约束、是规范、是自律。因此，可以说，无论怎么创新，茶艺演示者都要潜心做到最基本的规范程式，在此基础上兼收并蓄，泡好一壶茶汤。

□ 二、对创新茶艺的评判

这里，特别要提出来的是对创新茶艺的评判，不可一概而论，也可以考虑分层级、分类别。

卢仝《七碗茶歌》言尽茶饮的层次：一碗喉吻润，二碗破孤闷，三碗搜枯肠，唯有文字五千卷。四碗发轻汗，平生不平事，尽向毛孔散。五碗肌骨清，六碗通仙灵。七碗吃不得也，唯觉两腋习习清风生，蓬莱山，在何处？玉川子乘此清风欲归去。

“七碗茶歌”写出了品饮新茶带给人的美妙感受，第一碗喉吻润；第二碗帮人赶走孤闷；第三碗就开始反复思索，文思泉涌；第四碗，平生不平的事都能抛到九霄云外，表达了茶人超凡脱俗的宽大胸怀。喝到第七碗时，已两腋生风，欲乘清风归去，到人间仙境蓬莱山上。一杯清茶，让诗人润喉、除烦、泼墨挥毫，甚至羽化成仙。对诗人来说，茶不只是一种饮品，茶似乎给他创造了一片广阔的精神世界。卢仝将喝茶提高到了一种非凡的境界，专心地喝茶竟可以摒弃世俗，抛却名利，羽化登仙。

从品茶艺术的角度看，卢仝诗中所描写的一碗至七碗，把饮茶从解渴、去烦，到使心境逐渐空灵、渐入佳境，最后飘飘欲仙，进入仙境，几乎将饮茶感受描述到了极致，后世人写饮茶诗都难以超越他的高度。在卢仝眼里，饮茶已经成为一种寄托和理想。这种体验随着感觉的升华不断展示出新的意境，从解渴、破闷到激发创作欲望、释放内心的压抑，一直到百虑皆忘，飘飘欲仙，从现实到理想，何其快哉。

但是，自古以来，饮茶行为就是各有所求，各取所需，不一定非要每一个人都上升到最高的境界，润喉解渴也罢，提神益思也罢，坐禅兴寐也罢，明心悟道也罢，目的不同，层次不同，对茶艺的要求也应该不同。

当今茶艺的“艺”，究竟该如何看待？我认为特别要关注的，是针各种不同场合不同目的的茶艺活动，考评的要素应该有所区别。

1.会展表演型茶艺

会展上的表演型茶艺，一般着重于产品的推广、企业的宣传，因而夸张的舞美设计、精致的背景处理、适宜的音乐搭配，都是可以的，因为这种茶艺需要的是营造氛围，强化宣传效果，而不仅仅是一杯茶汤。

2.生活品饮型茶艺

生活品饮型茶艺侧重于日常生活中的茶饮，目的是让茶饮为大多数人接受，那么重点应该是如何把茶泡得好喝，让更多人接受茶、喜欢茶，进而引导他们喝茶、消费茶，茶艺考量的要素关键在茶的调饮、茶的品鉴、茶饮的多种可行性的探索，以激发大家对茶的兴趣，倡导家庭日常的健康茶饮。

3.技能型茶艺

技能型茶艺，则是考察专业茶艺师泡茶的基本功底，对各大茶类茶性的了解、把握以及对茶性的完美呈现，动作程式规范，选配器具得当，知识介绍正确，席面设计协调，关照客人周到，最终必须是用一杯茶汤来表现茶艺师的水准。

4.修行型茶艺

修行型茶艺，着重于挖掘或者展现精神层面的要求，形式上可能会有些简略，不应过多注意华器华服、美景美人的展示，要更加注重精心选茶、尽心泡茶、凝神品茶，通过固定的茶饮程式，修习心性，感悟茶道道理。一人得神，二人得韵，三人得趣，人、茶、器、水、火、境完美地组成一个整体，席间一般不语，一切尽在不言中。

整体上来讲，因为类别不同，目的不同，对茶艺的“艺”评判的要求也应不同。

中国传统茶艺既要立足于创新发展，向世界证明自己的创造性、开放性、包容性，更要懂得立足于现实的、传统的、深厚的文化根基；既要有丰富的演示形式，也要形成自己的理论体系，脚踏实地，成为中华民族文化精髓的真正代表和重要载体。

蔡荣章：创新茶艺的“新”应该从艺术、美学上的美来评价，如果从这个角度来看，可能就不是一味的创“新”，因为一味的创新会容易想到手法的创新或者茶席的创新，比赛的时候茶席一定要有新意，手法一定要有新意，否则是得不了奖的，因此大家就想尽办法，花样百出。如果说是艺术上的创新，就不是手法上的创新，好像梵高的画，手法创新是他的特色，每一笔都像一把火在烧一样，但是所有的艺评家，没有人将梵高的出名归功于此项手法的创新。绘画颜料有水墨、油画、水彩，谁说一定要从材料上突破，难道依旧油画颜料就不能创新油画了吗？那是能力的问题，要考虑到艺术性的深度。虽然用的是同样的一套茶具、同样的手法，但是泡起茶来的深度可以日益精深。

关剑平：同意蔡先生的看法。茶艺是生活艺术，每天在重复，能够把它很完美地重复是我们学茶艺的目的。其实不管是唱歌还是弹琴，比如一首《欢乐颂》，有什么创新不创新的问题？而且从茶文化的角度来说，茶文化的书我现在最喜欢看的还是（20世纪）90年代初王玲的《中国茶文化》，后面的越编越糟糕，难道这就是所谓的创新？文化的创新跟技术的创新完全是两回事，技术的创新容易，文化的创新很难。所以对于实践者而言，不保守当然是一个原则，尤其在座的诸位，大家作为实践者，专家的话可以放到一边去——专家的话都是从某一个角度去说，但是在实践的时候，不能完整做出来。所以说，人家说你这个不好，那个不好，是很容易的事情。实践者一定要对自己充满自信，问题在于自信需要内在的东西，这个就需要一个学习的过程。在哪里创新？今天我又重复做了一遍，我觉得比昨天顺了一点，这个可能就是创新。谢谢！

贺益娥：我觉得创新茶艺同样包括文与艺。“文”指的是思想内涵，“艺”指它的服装、道具、环境的布置、表演程序和表演技巧等。我非常认同蔡老师的观点，只有把茶艺基本功练好，让传统茶艺能够得到传承，才能够实现创新。如果现在，我们不传承传统茶艺就去谈创新，那所谓的创新就是空洞的，没有内涵的。同时我也非常赞同刘老师的观点，泡茶者可以不用说话，安静地、专心致志地把茶泡得好喝。我认为茶泡得好喝才是硬道理，不好喝什么都没用。同样，创新茶艺依然需要文跟艺并重，才会意境高远，韵味无穷。

叶汉钟：谈到茶艺创新，作为“潮州工夫茶艺”传承人，我认为坚守传统并非是不创新的表现。有些人说我们中国的文化断层了，包括茶文化的断层、茶艺的断层，我认为这种说法不太妥当。因为我们的文化本身就已存在，不过是零零散散地散落在社会的各个层面，如何将这些零散的碎片收集整理起来，还原其本来的模样，这个过程就是传承。所谓的创新，并不是增加新的外来的东西，改变原来的模样，而是与时俱进，用现代人的视角进一步深入、完善甚至提升传统文化本身。比如潮州工夫茶冲泡的过程中，有很多动作、细节需要讲究，可以通过科学的理论来验证该动作是否合理，根据人体力学分析该动作是否易于操作，是否感觉舒服。

比如把持盖碗的动作，有的人喜欢用三个指头来操作，拇指、食指和无名指，看起来美观，却因水烫而不顺手，那没关系，用小拇指托下盖碗底部，实现两只手指互换把持，既解决了烫手的问题，也可进一步探索用盖碗点茶时的力度控制问题。这是创新吗？说得确切点，应该是对传统文化的深度挖掘。如果用两只手指来拿盖碗，也可以，这就需要考虑到可不可行，是否有美感，操作是否顺畅，对茶汤口感是否有影响等问题，因为手腕把持的稳定程度对茶汤的影响是很大的。因此，正如蔡教授说的，创新是在传统的基础上，往深度层面挖掘，而非增加任何其他不相关的花样进去。

说到这里，有必要说明茶艺标准化的问题。无规矩不成方圆，比如戏剧、琴谱、太极拳等如何得以传承下来？是因为有前人加以规范，深度挖掘其实也是一种不断规范标准的创新过程。茶艺，是方和圆的综合体。

尹军峰：我实际上不是搞茶艺而是搞自然科学的，我基本认同刘老师的说法和前面几位老师发言。搞自然科学的人主要想的是创新，但我们首先要明白是什么推动着我们去创新？如果这个问题不解决，我们就不值得创新，自然科学跟社会科学应该是同一个道理。今天我是带着问题来的。茶艺到底是为了解决什么问题？刚刚讲了创新茶艺，创新是为了解决这个社会的问题，或自然科学方面、或文化方面、或社会方面等。在座的各位都是搞这方面研究的。按我的理解，任何一个东西的创新都要有它的社会性，也就是这个社会需要去创新，这才需要我们搞这方面研究的人去做，如果仅仅是“我”想着去创新，那没有什么意义。

陈颜妹：各位老师、各位专家学者，大家好，非常高兴今天有机会来参加高层次的讨论交流和学习。我是来自浙江金华的陈颜妹。我是机关公务员，与大家比完全是一个行外。外行肯定不如内行，但我觉得自己不完全是外行，因为一直在学习思考。三年前，一个偶然的机会开始学茶之后，就一发不可收拾。茶艺之美，茶道精神，茶文化的创意让我完全停不下来，刚才听了创新茶艺之“艺”表达的三个观点，我有一些体会。

第一个观点是，茶的艺术、茶的艺术展现离不开茶席。技能技艺必须是核心，是根本。茶艺包括培训、各种比赛等类型，可能过多地去关注茶席，但是又达不到刚才于老师说的让茶席表达茶艺的内涵这样一种境界。当达不到这样一种境界的时候，茶席非常容易喧宾夺主。如果茶席不分场合，不看对象，一味华丽地呈现，会让普通大众对茶艺、茶文化望而却步。

第二个观点，茶艺之“艺”，是一个准则和规范。确实，这个必须明确。作为一门学科，一种技能，茶艺是一种存在的表达，要有准则有规范。茶艺演示过程中的一些准则和规范中都蕴含着两个字：一个“理”，一个“礼”。在跟周老师学习茶艺演示动作的时候，每一个动作里面一定包含着这两个字。当你用这两个字去理解每一个动作的时候，这些动作是可以灵活地来呈现的，而不是很机械地去把动作做出来。

第三个观点，关于茶艺的创新。我认为创新来自于实践，创新的本质应该很生活，茶艺的创新更多地需要思维的创新。目前茶行业中，茶艺培训也好，比赛也好，对于茶艺的创新有一个误区，就是感觉创新脱离了生活。

所以我认为茶艺的创新应该更多导向于茶艺思维的创新，减少一些对外在形式的关注。比如在舞台上表演，设计创作的茶艺可以尽情放大外在形式的美，华丽地展示，但是在大众的日常生活里，创新的角度应该更多关注大众茶人。他们在喝茶的时候需要什么？

他们需要感知茶味，尽享茶香，放松心情就好。茶艺创新应更关注大众饮茶，茶艺创新的目标是让茶以更科学的方式走入寻常人的生活。

非常好，第二议题也非常活跃，非常成功。下面进入到第三个议题。第三个议题由张星海教授主讲，题目是“自创茶艺的创意之源”。

自创茶艺的创意之源

张星海

主讲人简介

张星海，茶学博士，教授，硕士生导师，国家一级评茶师、茶艺技师，高级茶艺师（评茶员）考评员，首届中华优秀茶教师，全国职业院校中华茶艺大赛优秀指导教师，全国商业职业教育教学指导委员会（简称“全国商指委”）茶艺与茶叶营销专指委秘书长，中国茶叶学会茶艺专业委员会委员，浙江省茶叶学会常务理事、科普工作委员会副主任，国际茶文化研究会学术委员会委员，发表论文80多篇，主编《茶艺传承与创新》等图书13种，申请专利16项，主持国家农业成果转化及省部级项目5项。

很高兴由中国茶叶学会搭建这样一个平台，今天在座的有来自全国各地的很多学者。我发言的题目是“自创茶艺的创意之源”。现在很多人都在学茶艺，那么学茶艺到底是为了什么呢？如果学习目的搞不清，那茶艺与茶文化传承、传播难以持久，学习热情难以持续。

我本身不是学茶艺的，但学茶时间将近20年了，由于2013年策划申办全国职业院校中华茶艺大赛，才开始逐步接触与研究茶艺，今天我主要讲三块内容。

□ 一、关于心灵召唤

为什么现在国家也好，社会也好，大家都在提倡民族文化传承？尤其以茶艺为代表，这与当前社会大背景有着很大的关系。如果一个茶艺师自己心灵不是很美，那么他所创作的茶艺绝对美不了，从表面上看一定是很多东西堆砌的。茶艺应以满足当前社会发展需要为前提，崇尚正知、正念、正能量。真正的危机，不是金融危机，而是道德与信仰的危机。茶艺工作者应与智者为伍，与良善者同行，心怀苍生，大爱无疆。

无论哪个专家，都可以结合自己的专长进行评价，每一个人都不是完人，都有这样那样的缺点，这是很正常的。观点与主张可以不同，但不可能有习近平总书记所说的“茶和酒”的不同，因此我们取与对方相同一面作为我们融合的一个切入点。我们既可以酒逢知己千杯少，也可以品茶品味品人生，这和我们在讨论问题时有类似关联的道理。习近平总书记的“茶酒论”给了我们很好的处理观念差异的方法。

粗略看了一下，我们今天参加这个沙龙的大部分都相互认识，因为大多数人都在一个群里面，虽然有的可能没有当面正式交流过。今天会场上大家都有自己关于茶艺的观点与想法。我更希望今天散会之后，大家能在居住地掀起一场传承与学习茶艺的正风，不要把自己的观点放在自己的脑子里面孤芳自赏，这没有什么大的意义。

我比较欣赏的人是杨绛先生，她说“我们曾如此渴望命运的波澜，到最后才发现，人生最美妙的风景，竟是内心的淡定。我们曾如此期盼外界认可，到最后才知道，世界是自己的，与他人毫无关系！”你做茶艺传承也好，茶艺师培训也好，可能一开始有这样那样不如人意的地方，别人挑刺也好，指责也罢，这个没关系，按照自己心灵的招唤，做好自己就够了！

□ 二、关于茶艺求索

这里有三个问题我们需要搞清楚。

1.茶艺的内涵是什么

我认为，茶艺首先是一种科学沏泡茶的技术，要把茶泡好，这是茶艺最核心、最基础的东西。但是如果仅仅是把茶泡好，那也不一定是茶艺。

第二，我们在泡茶过程中，还要融入诸多审美的艺术元素，这样才有茶艺之美。无论是男性还是女性，都是好“色”的，都喜好美的东西。无论是刚才的茶席，还是茶艺，都有美的元素，不管是简朴的，还是华美的。

第三，茶艺应该是承载沏泡者身心修为的载体。作为一个茶艺师，你不仅仅代表你个人，你可能还代表你所在的单位，或是你所在的省市地区。举个例子，我们叶汉钟老师，他今天可能代表的是潮汕功夫茶，回去以后在当地可能代表他自己的工作室。假如说茶艺师到国外去了，茶艺师就代表我们中国了。

第四，茶艺还是传播当地民俗民风等独特文化的重要载体。如果离开了当地的特色文化，我想你所传播的文化可能是没有生命力的。假如我们在国内交流，如果你是从贵州过来的，就可以泡都匀毛尖茶，这种茶是贵州的特产。一个好的茶艺一定要传播当地的民俗。因此创新可以从茶艺内涵的四个方面进行一系列的创新和推广。

刚才有位老师讲了她是做少儿茶艺培训的。现在社会上有一个现象，很多老

师在自己对茶艺还不是很清楚的时候，就已经走上茶艺培训的岗位，尤其少儿茶艺培训这一块。去年上海的少儿茶艺会议我也参加了，当时回来后就思考如何改善这种现象，于是就写了“茶艺的文化基因”一文，下午我们王旭烽老师讲的会更全面。如果我们遵循这样的基因，可能做茶艺培训的时候就不会走歪。

2.什么是茶艺的文化基因

首先应遵循的茶艺文化基因是养气。养什么气？一个大气，一个正气，一个静气。

第二是养心。有人说中国是一个缺少信仰的国度，其实中国人并不缺少信仰。我认为，信仰包含三点，一是敬畏，敬畏是自律的开端，也是行为的界限。心存敬畏，不是叫人不敢想、不敢说、不敢做，而是叫人想之有道，说之有理，做之循法；二是感恩，感恩是积极向上的思考与谦卑的态度，不是简单的报恩，而是一种处世哲学和生活智慧；三是本真心。

第三是求美，康美、恬美、福美。

第四是达礼，懂礼貌、有礼仪、晓礼制。如果仅是在茶艺比赛的时候、在泡茶的时候很守礼仪，但是离开这个场景后，却是个不懂礼仪的人，我认为这不是一个合格的茶艺师。

3.何为茶艺的社会作用

刚才介绍了茶艺的文化基因，即内涵，那它带给我们什么社会作用呢？

我认为茶艺首先具有传承、传播民族文化，尤其是茶文化的作用。我们正在牵头搭建教育部茶艺传承与创新方面的一个教育资源库，有时间可以跟大家交流一下。

第二个社会作用，茶艺传播和践行科学沏茶和健康饮茶技法。

第三个社会作用，茶艺是悟道修身和立德树人的载体。为什么现在少儿茶艺慢慢热起来？这是因为家长们并不仅想让孩子学会泡一杯茶，更想让孩子通过学茶，学会一些做人的道理，让孩子更懂礼仪。

第四是能够促进当地茶产业的有序发展。在雅安藏茶博物馆里有这么一句话：一片叶子，富了一方百姓。这就是茶艺和产业的关联。

□ 三、茶艺创新技法

今天要讲的第三块内容是关于茶艺创新技法。

茶艺有哪些创新技法？

第一，在科学沏泡茶的方法上，我认为对创新、器皿不要有过多的追求，以合适为宜。在方法上做到科学合理，比如水的温度、茶水比、时间、沏泡次数等科学合理的安排。

而在手法方面可以适当有所创新，当然这个创新也要遵循一定的法则，比如说冲泡名优茶，明明知道是名优茶，还是要用高冲低斟法。我们可以尝试用回旋低斟法，手法可以适当创新。

第二，在沏茶过程中融入美的元素。比如刚才说的茶席布置、背景音乐、服装、舞美，若没有创新，呈现给观众的时候，就缺乏引人入胜的美感；背景音乐有古典音乐、歌谣等，音乐要烘托茶艺的主题；还有茶席，茶席布置不仅是一个美的问题，首先应考虑适用，如果不适用，美也没有生命力。

上次江苏省茶艺大赛上有一个创新茶席，我感觉还是有一点新意的。方寸之间，上方下圆，最后可能因为茶泡得不是太好，没有获得最佳成绩。服装、舞美方面，在大学生创新茶艺里面有体现军队生活的，也有民族、宗教题材的。

第三，茶艺能体现沏泡者身心修为，需知行合一。比如之前全国职业院校中华茶艺大赛上，重庆推出的创新茶艺节目《昭君出塞》，创新性很高，获得一等奖，主要体现在主题正雅，原创，意境高雅，整体协调，尤其是传递正能量，成为传播地方民俗、民风、民情的独特文化载体。有一个反例，我去东北参加茶艺大赛，当地茶艺师受某演员的影响非常深，茶艺作品中大部分的腔调都是二人转的形式。当时他们写了一个阿庆嫂的故事，有一个汉奸到阿庆嫂店里来揩她的油。用二人转的形式来表演茶艺肯定不行，正能量的主题和高雅的形式，这才是茶艺真正的创新之源。

先前茶艺比赛中重庆有一个节目，演绎江姐儿子创业的故事，唱红岩，泡红茶，这应该算是一种创新。我觉得创新，一定要有生命力、有价值，不能仅停留在一种外在的形式。这个节目讲了江姐儿子留学回来，带动当地致富的故事，在当地还是有意义的，至少大家知道有江姐这样一个具有正能量的人。

还有一次跟周智修老师一起参加的江苏省大赛中的一个节目（从高校毕业到农村支教），我认为是很正能量，是讲支教的故事。时间关系不展开来讲，只能简单地蜻蜓点水提一下。

杨柳：大家好，自创茶艺在老师的讲话中分为生活型、修行型和技能型等。自创茶艺一定要源于自己的生活、当下的时空，我考虑是这样，这都是茶艺最终呈现出来的一个形态，然后人们才把它归纳出来。

有一点最重要的，就是所有这些茶艺的形态都要通过泡茶的方法来呈现。我们看了这么多茶艺的比赛或者茶席的设计，都是围绕着泡茶的方法来进行的——就是泡茶的人根据茶叶的种类、加工、特色等来决定最适合的冲泡方法。这些泡茶法在蔡荣章老师的文章当中已经告诉我们，我现在跟大家分享。泡茶有哪些可以真正实践操作的泡法，是不是我们经常能够看到的，比如说杭派玻璃杯或者盖碗泡茶法，这个称为含叶的泡茶法。在蔡荣章老师提出的十大茶法当中，有小壶茶法、大壶茶法、盖碗茶法，还有浓缩茶法、含叶茶法、旅行茶法、调饮茶法等，从古到今，无论是生活型的茶艺、修行型的茶艺、还是技能型的茶艺，一定要通过基础茶法来实现。如果把这些茶法全部逐一地去了解，把它们使用好，那我们的茶艺很多精神和艺术层面的享受就来了，茶席的设计风格或者对当地民俗人文的了解就来了，我们对于艺术的理解和哲学层面的理解都来了。茶艺的根基就是茶法。谢谢大家。

薛晨：各位老师大家好，我是中国茶叶学会的薛晨。刚刚听了张星海老师的阐述，我对张老师提到"想要走的好，要一群人一同前行"这句话特别有感触。我觉得我们今天所讲的茶艺研究和推广，有一个比较重要的任务，就是如何把茶艺推广出去，这是我们现在要考虑的一个关键的问题。我们现在看到了很多，无论是茶席、茶艺的比赛或者是刚刚各位老师提到的一些表现形式，大多数还是局限在茶艺、茶文化的表达这一块，也就还是在"圈子内"自己玩，没有把其他的艺术形式真正结合进来。因为之前周老师曾给我推荐过一个视频，关于太极和梁祝融合的视频，一男一女两位表演者打着太极拳，在梁祝的背景音乐下，武术结合了舞蹈，非常美。那段视频想必练太极的人看了会觉得原来太极可以那么美，学音乐学舞蹈的人看后也会非常有感触，从而对太极产生兴趣。我们的茶艺能不能像这样真正融合其他的艺术形式来表现呢？比如说我们经常看到的一个茶艺表演两张桌子，一张桌子写字作画，一张桌子表演茶艺，待到最后结束的时候，一边展示书画，而另一边茶艺师下台奉茶，其实这还是分离的两种艺术表现，没有真正结合在一起。我觉得长嘴壶茶艺是一个很好的例子，它把武术和茶艺的冲泡结合在一起，是真正融合在一起，它们两个不是分离的。今后我们茶艺形式的创新能否再开放一些，把其他艺术形式融入进来。艺术是相通的，这样的融合可以使了解其他艺术形式的人群会对茶艺更感兴趣。这种融合是否会使茶艺推广效果更好一些。不成熟的一些想法，还请各位老师指正。

主讲人

张星海：我们在计划申报教育部茶艺与创新传承教学资源库，里面有一个茶艺创新案例，我们不叫长嘴壶茶艺，我们叫健身茶艺，我们把武术、长嘴壶包括一些手指操结合在一起，在跟四川茶艺师合作。每个人都不是全才，也没必要成为全才，我们能够依自己的长处做起来，然后把整个茶文化推广开来。如果我们茶艺也像京剧那样来做，会曲高和寡，会没有生命力的，你看京剧在全国有像我们茶艺文化这么热吗？没有。为什么？因为它的专业性太强了，所以我们现在先做了再说，把传承普及与创新结合在一起。有一点不要忘了，如果纯粹谈人文的东西，这个是没有生命的，茶文化一定要与产业结合在一起。

刘汉群：创新茶艺的创新之源——茶艺源于茶。创新茶艺是在茶艺之后的一个创新，既然是创新茶艺，我认为，给茶艺赋予一个主题，就是创新。创新茶艺的点应该在“主题”这两个字上体现，主题是现在创新的一个源头。主题有三个来源：第一是根据茶的特性。茶的特性寓意于茶，中国茶的品种有几千种，经加工后归纳起来有六大类，根据茶的特性寓意于茶是茶的特性的主题来源。第二是茶与人的情感互动，比如说表达感恩，表达亲情，也有表达一些其他情怀的，自己的情怀偏好是一种茶艺主题的来源。第三是现在茶艺要成为刚才张老师说的表达正能量的一种东西，茶艺的主题也能够表达一些当前特定历史条件下的正能量。我认为这是创新茶艺创新之源的三个方面。

贺益娥：创新茶艺是创意、改变和提升我们的传统茶艺，使茶艺不完全雷同于传统，更有时代的意义，更符合我们当今茶艺的需求。就像张老师说的，当今社会需要正能量、知行合一、大国精神等，这是当今社会的时代需求，时代的呼唤，也是我们创意的源泉。

下面我们进行第四个议题，有请蔡荣章先生，他主讲的题目是“艺术性与普及性茶道”，大家欢迎。

茶道艺术性与普及性

蔡荣章

主讲人简介

蔡荣章，漳州科技职业学院教授、茶文化研究中心主任、图书馆馆长，天仁茶艺文化基金会执行会长、中国国际茶文化研究会荣誉副会长、中国茶叶学会茶艺专业委员会副主任委员。研究方向：茶文化、现代茶道思想、茶会举办、泡茶法。创办无我茶会，创新设计“泡茶专用无线电水壶”“泡茶专用茶车”，创新规划“小壶茶法”“车轮式泡茶练习法”，创立泡茶师鉴定考试制度。出版《现代茶艺》《无我茶会》《茶学概论》《茶道入门三篇——制茶、识茶、泡茶》《茶道教室——中国茶学入门九堂课》《茶道基础篇——泡茶原理与应用》等20余本著作。

一、茶道艺术及其呈现

大家好，我是把“艺术性茶道”用“茶道艺术”来称呼，方便后面跟“普及性茶道”相对应，这样可以减弱相互“比较”的效应，因为茶道艺术跟普及性茶道，在我看来是没有优劣之分的。

茶道艺术是把茶道当作一个艺术项目来呈现，大家可能会认为泡茶本来不就是一件艺术吗？但是现在讲的艺术是比较严肃的，要大家承认才可以，你说现在我不是天天在泡茶吗？但是大家承认不承认你这个泡茶是一件艺术呢？你说我现在天天在唱歌，我每天晚上都去卡拉OK，我是不是音乐家？我天天涂涂画画，是不是就是一位画家了？

茶道艺术怎样来呈现？音乐是以声音来呈现，画画是以线条、色彩来呈现，舞蹈是以肢体动作来呈现，文学是以文字来呈现，茶道艺术用什么来呈现呢？用泡茶、奉茶跟品茶来呈现，不是用茶席来呈现，不是用背景音乐来呈现，不是用舞蹈来呈现。你不可以把泡茶、音乐、舞蹈、装置艺术整和在一起，说那就是我的茶道艺术。就像一场音乐会，也在舞台上插一盆花，挂一幅画，找几位伴舞，说那都是你的音乐呈现。

二、普及性茶道与茶道艺术的区分

普及性的茶道跟茶道艺术是可以区分的，刚才我们说你会唱歌不等于是音乐家，会写字不等于是书法家。茶道艺术的观念没有建构起来的话，茶文化会显得虚弱。现在又在高校建立了茶文化系，农产品能够在高校以文化系为名来建立的不多，酒都还没有建立系，稻谷也没有建立系，我们敢建立一个茶文化学系，对它的要求当然要高，不仅仅说是懂懂泡茶与营销就好了。

普及性的茶道跟茶道艺术是没有高下之分的，是大家都需要的。普及性的茶道可以只是泡泡茶喝喝茶，高兴起来也可以唱唱歌，也可以有各种其他艺术掺和进去。你说音乐要独立呈现，在钢琴演奏会上不可以有舞蹈来陪衬，然而对流行歌手又怎么说呢，他不是又唱又跳的？那个是综艺节目。我们不能说它不好，它的群众基础比纯音乐要广，对社会的影响力说不定更大，但是毕竟它的领域与文化功能是与纯音乐艺术不一样的。我们理解国家音乐厅一年接待不了太多的听众，但是每一个国家都要投注非常大的精力与财力在国家音乐厅、国家戏剧院上面，以及在音乐学院里、在艺术学院里，因为纯艺术引领着普及性艺术——纯音乐带动流行歌曲的提升，纯美术带动服装设计、布料设计、电视机、洗衣机等设计的提升，然后我们的生活品位就提升了。普及性的茶道跟茶道艺术的功能不一样，我们不能说哪一个高哪一个低，要同时并进。

在学校办讲座的时候，有人说“现在大家还不会喝茶，甚至有些地区还不喝茶，谈那么多干什么？”进一步想一想，是谁在提倡茶道艺术？除了在座的以外，还有吗？在座的不说大概就没有人说，在座的不做大概就没有人做了。在座的认为没有茶道艺术就没有茶道艺术，在座的说不适合现在来推动，大家就认为不适合现在来推动，不是吗？

钱群英：谢谢各位老师，我是来自浙江安吉的钱群英，这里在座的有很多都是我的同学和我的老师，鼓足勇气在蔡老师发完言借助着气场把我心里想讲的话说一下。这些年习茶的过程，根植于内心的有两个字——“生态”。做生态的茶艺茶道，就像蔡老师讲的，当茶道真正的核心没有人去讨论和探究的时候，我们的方向在哪里？我们的高度在哪里？可能这个东西是比较高的，很多人不能理解，观众也不多，但是我们习茶的人对自己要有要求、要有方向。我阅读过很多前辈、很多老师的书籍，包括那一次去潮州参观叶先生他们的茶园，拿到一本陈老先生的书，里面几个字“茶人是有德行的人”。2008年，这几个字就是我的收获，一直告诉自己要做有德行的人。对德行这一块要对自己有要求，哪怕最顶层没有关注，但这是我们追寻的方向，是做茶人的方向，但是同时不妨碍茶做得更普及、跟更多人去普及。刚开始一直往前冲，孜孜不倦往前走，走的时候你身边没有人，你孤家寡人一个人在往前走，你做什么，身边人都不知道，特别在安吉，我的姐妹、我的朋友、我的亲人不知道我在忙什么，当我们努力攀登的时候，也要慢慢跟身边的人去结缘。去年开始，也有了自己的茶艺培训班，跟身边希望亲近茶、了解茶的人讲一些最简单的规范规矩，如何泡出好的茶汤。在这个过程中茶馆有空间，有茶艺师队伍，可以让他们获得成长，这是完整的茶艺体系。如果茶向前走，要推广的话，必须建立起这样的生态结构，需要有大树，有老师这样一个举着旗帜在前面呼唤着我们的灯塔，也需要小花小草，需要每个茶人放下自己的姿态做一些社会普及的工作。我们在与人结缘的过程中拿捏好跟对方的关系，这是我们需要用心灵跟他交流的，用很细微的举止跟他互动，有时可能一个眼神就够了。茶汤泡出来我们就知道是不是在同样的认知层面，有一些人哪怕一点都不懂茶，也不能去鄙视他，要以非常包容的心态迎接他，给他讲述一些基础的知识。我从2008年开始做茶，我希望我能把我的茶做成生态的茶，把我的茶艺做成生态的茶艺，谢谢大家！

关剑平：艺术性茶道和普及性茶道是两个东西还是一个东西？

主讲人

蔡荣章：两个东西，一个纯音乐一个应用音乐，一个纯绘画，一个是应用绘画。

关剑平：我这个是应用茶道，大家做的艺术茶道，是这个意思？

主讲人

蔡荣章：我们现在喝茶就是普及性茶道。

关剑平：概念单一一些。

主讲人

蔡荣章：虽然只是一个很简单的喝茶过程，说不定是件很讲究的茶道艺术作品，当然别人不见得欣赏。又如一位音乐家，当他在家里听音乐，是不会随便听一首低俗曲子的。一位画家在不办画展时，就会随便乱画吗？不会的，说不定那时候画出的画更好。今天不是对外做茶道演示，但是茶道艺术家的每次泡茶，即使只有自己一人，都要有与对外茶道演示一样的心态与茶汤效果。

刚才说到茶艺具备教化功能，一个孩子没有耐心，妈妈送到你这里来要你教他泡茶，我觉得我们是教茶道，不是教人如何有耐心。茶道不要一下子讲那么多的功能，如耐心、和谐、世界和平，不要一下子就讲那么多外围的东西，其他艺术很少讲这些。音乐既能够促进世界和平，也能修身养性，绘画也如此，佛学更是如此，一切一切都是如此，我们无法从这里说出茶的特有价值。

我们如何让一个人喜欢茶道？我觉得就好比带他去音乐厅听交响乐、听世界一流音乐家的演唱会，比带他去听又唱又跳的娱乐性表演，更容易让他崇拜音乐。

以上这些举例不是推翻了普及性茶道跟茶道艺术没有高下之分的立论，只是再次说明它们在性质与功能上的差异，普及性茶道的人口永远比茶道艺术的人口多得多。

杨洋：谢谢各位老师，刚才刘老师讲的分类，生活型、技能型、修行型的茶道也好，还是蔡老师提出的艺术型与普及型的茶道也好，我觉得一开始很多人接触茶的时候其实没有那么多区分，每个人喝茶，并没有一开始的时候就想成为茶道艺术家。每个人从简单地喝一口茶，享受这一口茶开始，但是慢慢很多人有更多的感悟，有更多的心得，这些人在学习和推广的时候，把茶道进行了分类。蔡老师是茶道艺术家，今天他来开会就用这样普通的并没有太讲究泡茶的方法泡一杯茶，他也会享受这一杯茶。其实生活中没有那么多严格的区分，只是推广学习研究的过程中，为了更便于学习研究和推广，才会将茶道分成不同的类型，这是我的一点小小的感触。

叶汉钟：记得前几年在漳浦开会的时候，蔡老师说要把茶艺师提升到“茶道艺术家”的境界，我很有同感。因为每个泡茶人都需要有来自内心的自信，才能掌控大小场面，如果缺乏自信，很难泡出好茶。蔡老师提出“艺术家”，我认为“茶艺师”应该继续提升到更高的层次。

泡茶的过程应专注和自信，其实也如书画艺术家写字作画的过程，旁观者只需要静静欣赏则好，如果中间提出疑问，势必会让艺术家暂停创作思路回答问题，如此，最后得到的“艺术品”就不太完美了。所以，泡茶时，用心泡好你面前的茶，不需要刻意停下动作来回答客人的问题。泡茶人集中心力完成泡茶的过程，中间不回答提问人的问题，可能会有些尴尬，但你可以泡完茶再解释，因为你是带着一种对茶的热爱、对饮茶人的尊敬来用心泡茶的，这杯茶可说是自己创作的一项独一无二的艺术品，它代表你自身对茶的理解，泡好这杯茶就是对饮茶人的最大尊敬。若中途回答问题，就可能不专心，茶泡不好，饮茶者喝到的茶汤口感就不太舒服。

泡茶，需要有艺术家的自信和傲气，因为对茶的理解和对饮茶人的口感判断，其实是要达到“艺术家”的层面才能做到的。普通茶艺师可能未曾想到，所以做不到。建议大家从我们自己做起，把“茶汤艺术”的理念推广出去，让茶道艺术上升到更高的层次。

张星海：蔡老师是我和大家非常崇拜的茶学老师之一，我对他今天的观点是这样看的，无论茶道艺术还是普及茶道都是一种形式，重点在于尊重自己的内心，茶艺茶道仅是层次差异。茶艺至少有三个层次，第一个层次是柴米油盐酱醋茶，第二个层次是琴棋书画诗酒茶，第三个层次是茶禅一味。在自然科学领域，有基础研究和有应用研究的区分，可能在每年国家基金里面也有区分。专门搞基础研究的，可能发一大批文章，产生不了什么社会影响，产生了短时间内也看不到，但若没有基础研究这方面的工作，永远不能引领科学的进步。谢谢蔡老师。

周智修：刚刚拿到蔡老师这个题目的时候，我也不太理解艺术性茶道和普及性茶道的涵义，可是当蔡老师阐述以后，概念就比较明晰了。我认为刚才大家提到生活性、推广性、普及性以及艺术性，这是一个构架的问题。艺术性茶道是一个方向性，是一个高度。开始的时候，大家都觉得茶艺师已不得了了，可是现在茶艺师很多，良莠不齐。茶艺究竟应该怎么发展？目标是什么？我想在座的茶艺工作者都要认真思考。习茶究竟习什么？我非常认同蔡老师提出的构架，蔡老师没有把艺术性茶道和普及性茶道隔离开来，谁高谁低，就放在同一个层次上，我觉得很好。

艺术性茶道就是在普及性茶道基础上再往前推进。大家想一想日本茶道从中国传过去，日本茶道老师与音乐家、书法家是在同一个层次上，大家都认为他们是艺术家。如果你没有目标，就是为了迎合或者按照当前的发展的趋势，就是停留在那里，我们就不会前进，今天这个问题提出来讨论非常有意义。当然，如果要做一位茶道艺术家，要求是什么？应该在哪些方面让整个社会认可我们？

接下来，上午的最后一个议题由朱海燕老师主讲，题目是“毁茶论对当下茶道审美取向的启示”，大家欢迎。

《毁茶论》对当下茶道审美取向的启示

朱海燕

主讲人简介

朱海燕，博士，教授，硕士研究生导师，中国茶叶学会茶艺专业委员会副主任委员，湖南省茶叶学会副秘书长。多次担任国家级、省级茶艺大赛裁判。主要从事茶文化与茶业经济研究，在茶道、茶美学研究领域成果颇丰。独著《中国茶美学研究——唐宋茶美学思想与中国当代茶美学建设》《明清茶美学研究》学术专著2部，合著《湖南茶文化》等专著3部，主编《中国茶道》、副主编《茶馆设计与经营》等教材5部。公开发表研究论文30余篇，承担10余项科研课题，拥有发明专利3项。

各位茶友大家上午好。今天是个难得的好机会，来自全国各地的茶文化研究者与爱好者聚集一堂，大家的思想在这里迸发出火花。“中国梦”于茶人而言，就是以茶为载体来传播“廉俭、文明、礼让”等中国优秀传统文化，让社会凝聚更多的正能量。

当代茶道审美该如何取向？在接到周老师给的这个命题时，我着实思考了一下，在茶文化如此繁荣，茶艺百花齐放，茶道形式多样的时代，我们该如何思考这个问题？我不禁想起了茶圣陆羽当年著《毁茶论》之事。关于此段历史，关教授等专家学者做过很多的研究，这是一个大家颇有争议却又很值得深思的话题，为什么会想到这个，我想先来谈一下《毁茶论》。

□ 一、《毁茶论》之辩

文化都有根，今天在这里论茶道、论茶艺，从文字记录而言，我们的根是从陆羽精心撰写的《茶经》开始，陆羽是公认的茶道创立者，并被尊称为“茶圣”。从文献中，我们可以看到陆羽曾经因为种种原因著《毁茶论》，茶圣为什么要毁茶？他想要毁的究竟是什么？不同的学者对茶圣的“毁茶论”展开了种种探讨，综合专家所言，大体有以下三个观点：

①陆羽著《毁茶论》纯属于杜撰。

②陆羽《毁茶论》并非成文，只是表达对鄙薄茶道的气愤。

③陆羽著《毁茶论》是陆羽捍卫已说，对当时常伯熊的做法表示纠正。

1.《毁茶论》及其观点

关于第一个问题《毁茶论》是否存在，经过研究，答案是肯定的。其理由有两个：

第一，有其存在的记载，如《封氏闻见记》《新唐书·陆羽传》等，同时代诗文包括后续等都有提到，作者中不乏有名的大家，不会妄说。

第二，在当时的情景下著《毁茶论》很有必要性。当时的情形是，茶道初兴，有不少人开始着迷于茶道，但由于并不是所有的人都理解陆羽所倡导的“俭”德，在茶道推广过程中，尤其是在宫廷和达官贵人中出现了一些过于奢华、讲排场的茶道形式，常伯熊就是其中一位。

陆羽著《毁茶论》既不是对茶的非议，也不是对常伯熊的不满诋毁，而是对茶道不规范的行为的指正，从而完善和补充《茶经》，这应是当年陆羽写《毁茶论》的主要原因。

在茶文化繁荣、茶道再次兴起的今天，不少专家学者对“茶道的发展走向”担忧，这与唐代茶道初兴时的情况如出一辙，也正因为如此，我们才会想到《毁茶论》。

陆羽的《茶经》表达了三个主要观点：第一是将茶归纳到“礼”的范畴；第二是规范“精”的技术标准，第三是倡导“俭”的道德规范。

众所周知，《茶经》中对“精”的技术标准的描述非常详尽，从茶园的土壤、阳光到茶叶加工制作以及饮用等每个环节。而对“俭”，只正面提出，很少指出哪些不符合“俭”的要求，不该怎么做。陆羽《毁茶论》正是从反面对

"俭"进行一个补充，以便茶道按照他所设定的、与多数人心所向往的方向发展。因为，符合多数人意愿的茶道才有生命力。直到今天，在座各位，依然向往的是"俭"的茶道精神。

2.《毁茶论》对当今的意义

当今茶道百花齐放，就烹茶方式而言，煎茶、点茶、冲泡，方式多样；就内容而言，宫廷茶礼、文士雅趣、宗教茶道，丰富多彩；就形式而言，民族风情、历史演绎、讲述故事、时尚创意……层出不穷。在折射社会对高雅精神追求的同时，我们担忧什么？因为不少老百姓以及有识之士发出这样的声音："我们要道不要艺；要简单不要繁复，要生活不要表演。"茶艺已经开始让人困惑，刚才从各位的言谈中进一步证实，一种对茶道发展的担忧在悄然滋生。这种担忧给我们什么启示？在繁华之时还能冷静思考，这让我们感到高兴，如果大家把这些问题蒙着不说，一旦爆发出来就是灾难。当然我们也要正确认识和看待当前这些问题：所有事物的内部有肯定和否定的因素，发展一定是前进性和曲折性的统一，没有一帆风顺的发展，人是如此，茶文化事业也是如此。

□ 二、当代茶道审美取向

再回到当代茶道审美发展取向的思考时，我们认为其蓝本和根还是在陆羽的《茶经》之中。今天茶不再是简单的解渴之饮，有时是修身养性的载体，有时甚至是国家形象的展示，基于此，提出以下几点不太成熟的观点，供大家一起来探讨。

1.茶道礼仪以规范为美

刚才很多老师谈到茶礼，在中国，茶礼堪称是中华民族“礼仪之邦”的活化石。在茶艺表演中或者生活中无论是穿着打扮还是言行举止，如果违背礼仪就不合适。比如茶艺中表演者着装十分暴露，动作过于夸张，即为失礼，因此需要从合乎礼的观点出发，进行规范。

2.茶品以天然为美

茶道茶艺以茶为载体，茶品选择既不求“贵”也不求“稀”，毕竟那样的茶品是少有的。在生活中茶品首先是风味天然、饮之健康，这才是茶的魅力所在。茶品应根据场合、季节来选，求“宜”不求“贵”。

3.器物以洁净为美

泡茶器物并非越贵越好，而以洁净为要。器物洁净既是礼仪的要求，也是对茶道最基本的理解。具体泡茶时，应根据场合、茶类等因素选用器物，求宜不求华。

4.技术以精湛为美

泡茶首先是一个技术活，连茶都泡不好的人，怎能成为茶道艺术家？所以技术以精湛为美。关于这一点大家都有探讨，在此不再拓展。总之，从茶园到茶杯把握“精”的技术标准，泡茶时精益求精，能够准确把握每一个细节，茶道自然就是好的。最忌讳的是无技术的堆砌，一通舞蹈，一阵演唱之后，茶却没泡好。

5.精神倡“俭”德

尚俭德反对浪费和过度奢华。忌空洞的形式，以简朴为上。

6.茶道是一种美的生活方式

茶艺不应该止于舞台，只有走进生活，健于身，益于心，茶艺才有永恒的生命力。

在中国人生活中，茶为礼，并没有固定的形式，如在室外品茗重野趣，茶室品茗重洁雅，而国宾茶礼重文化。一言以蔽之：化有常之礼为无常之形。

茶道美的最高境界就是“和”，人、茶、水、器、境相和，以此为原则，取地布席，选茶择器，穿着装扮等一切以“和”为最高宗旨。

谢谢大家。

关剑平：刚才朱老师说到我关于《毁茶论》的论述，我就提一句。那是在湖州，也是应景之作。当时主办方说："关老师你不要发言了，人家把时间用光了。另外你这个话题'毁茶'，人家一看题目就不舒服。"

2003年，奉刘启贵老师之命负责上海茶业职业培训中心的工作。职业培训的对象首先是40、50岁的下岗人员，可见茶艺师的职业定位。刚才蔡先生这句话比较实在，对茶艺师不能定位太高，尤其是跟茶艺没有关系的标准。它就是一杯茶，你能够悟出什么东西来跟茶没有关系，跟你自己修养有关系。你是个小偷，你在喝茶时悟你的偷道；你是个和尚，你在喝茶时悟你的禅道。用茶来提高精神修养？精神修养不是靠喝茶喝出来的，是要靠努力去修行来的。

修行既有知识的学习，也有举手投足礼仪的学习。茶艺对礼仪的要求非常高，但是说的和做的落实不到一处。以日本作为参照物，日本这些礼仪是现成的，把这些现成的东西放到茶道中来就完成了。可是现在中国的礼仪何在？社会上普遍的礼仪观讲究无形，批评繁文缛节。但是你靠无形、靠自己每一个个体把握礼仪很困难。问题是在哪里找这个礼仪，看来需要从零开始设计。如果把茶艺设计为学习礼仪的途径，那鞠躬有多少度的细节都要考虑。其实鞠躬的角度是最简单的问题，但是两个星期前在宁海的比赛中，各种各样度数的鞠躬都有。什么是礼仪？天安门广场的阅兵是极端的例子。说好抬腿30度就是30度，这就是礼仪。

茶文化赋予茶艺一些文化的使命，能够达到这些使命，能够完成这些使命还有很长的路要走，在这个时候还是蔡先生这句话，标准不要定得太高，太高摸不着最后变成谎言。谎言先是骗你的学生，最后也许把自己也骗了。老老实实做事情，泡好一杯茶，这就是中国茶文化重要的特点。

蔡荣章：我想到，陆羽在当时要怎么样才不会被轻视？他要带一位美女作茶侣，穿得潇潇洒洒的，围一条长长宽宽的围巾，泡茶时候先双手比划一下，口诵茶禅一味的大道理。

他就是太固执于他的茶道理念，所以挨嫌。

我看古画，好像里面喝茶的人都不泡茶的，都有一位茶童负责泡茶，甚至还有一间茶寮在旁边。我抱怨的时候，有位老师说，不全是那样的，我找给你看，古人还是有亲自泡茶的。我们的古诗词里面，是不是都是像我们现在赞美“茶外之物”而不歌颂茶叶茶汤？这位老师也说不是，要找证据给我看，看他们如何直接赞美茶的本身。他说还要找陆羽的著作给我看，看陆羽如何直指茶道的本体。

我说陆羽在李季卿面前泡茶的表现方式更接近我们所说的纯茶道。

林夏青：大家好，我是来自宁波，是个习茶的学生，我叫林夏青，非常感恩这次沙龙，我是第一次参加这么高端的沙龙，这么多老师都在这里。我想说说我在自己习茶过程中的一点感悟。我觉得茶艺首先是接地气的。为什么接地气？因为我们从一开始的喝茶，是非常民间、朴实、传统的。因为我们在最基层做一些茶普及工作，不可能把很多茶知识、茶文化高高在上地去做普及。另外今天听了这么多老师的观点，我觉得茶艺要与时俱进，在创新方面、发展方面要有深度，未来我们做主题茶会或者推广茶会，要与时俱进地去结合专家们的观点。

还有一点感想就是，今天我们谈到一个信仰的问题，我觉得茶人的信仰应该是一个正向的，发扬或者传承茶健康的信息、正能量的思想，这是我们茶人应该做的。谢谢！

杨洋：我不完全同意关老师的看法，为什么不可以对泡茶人提出更高的要求？泡茶人可能是茶艺师，也可能是像各位老师一样的专家学者。茶艺师是为了社会上更多的人做服务工作的，为了给大众泡一杯茶。全国茶行业从业者很多，但是他们并不是像我们在座的各位老师一样。各位老师是行业领袖，茶行业从业人员那么多，当然我们对他们的要求不能都像各位老师的预期的那样。从茶艺师到茶道艺术家要有一个质变。关老师说蔡荣章老师提倡茶就是茶，可蔡老师不也赋予了茶许多人文的精神吗？蔡老师创立无我茶会这种形式，希望大家能够感悟到人人平等，希望大家能够求精进，希望大家无好恶，这不就是赋予茶的人文精神吗？我们可以通过听音乐陶冶情操，可以通过画画陶冶情操，为什么不能通过一杯茶的形式陶冶我们的情操？不能因为一个小偷喝了茶还是在想偷盗的技术就否定茶的人文精神。希特勒在艺术领域也有很多的研究，但是不能把所有在艺术上有研究的人都想成希特勒，更不能因为希特勒是纳粹就否定艺术对人的精神的熏陶。茶能够传承千年，一定有人文精神在起作用，一定与我们赋予了茶这么多的人文精神是分不开的。

杨柳：各位老师，茶艺这条发展道路相信在座的朋友和同学都是一路相伴着走过来。

从最早的1998年开始，我很荣幸地见证了中国茶艺发展的这20年。茶艺师数量是多了，可能有时外界会说你们茶艺师就是这样子的。在这个言语的背后表达出来的，是茶艺师这个群体的综合素质水平不是非常高，但是我觉得这是一个过程和阶段。茶艺师在普及性的茶道推广过程中做了大量工作，在这个过程当中，你不能要求每位茶艺师都成为茶道艺术家，但其中的确有一些茶艺师把成为茶道艺术家作为自己的终身事业奋斗目标。一定有这样的伙伴存在，虽然分散在各个不同的城市里，但是我们在精神上是相互温暖和支持的。有的伙伴说在做茶道推广和普及的时候，面对的一些品茗者并不了解我们在做什么，为了让品茗者了解我们做什么，做他们能够看得懂的东西，把这么崇高的东西讲给他们听，他们不理解我不是白忙嘛！可是，我觉得这个问题是我们茶艺师或者未来要成为茶道艺术家的人做得不够好，好比听音乐会，不能够因为一个人要到音乐厅里面去欣赏音乐，他欣赏不了这种高雅的曲目，不知道这个曲目的来历，不知道这个作品的创作背景，不知道创作者的成长经历和内在的感受，这个听众就说这个曲子演奏得不好，那我们的音乐艺术家可以事先给来参与音乐欣赏的人一些背景资料，促使欣赏者理解。其实我们在背后做好功课，才能够使参与者与我们在一个频率上、一个层面上谈同一件事情。

茶艺一定要有前瞻性，对茶艺师的要求是非常高的，不光在泡茶的技术上达到一定的水准，因为茶本身不仅是喝下去的艺术享受，你要先喝得下去，有很好的口感，喝了还想喝，而且还带给你一种愉悦，一种身心的放松，是综合的感官享受。其次才是我们说的赋予茶的一些其他人文方面的东西。茶艺师在做自己的工作的时候，要把在行茶过程当中的章法和规范变成自己生活当中的一种行为准则。所以不是常常说“你们茶人没有下班的”，不要把这个规范和准则当成是额外要强加于你要去学习的东西，不是的，它就在你生活当中的方方面面，是你去参照的行为标准。这样才能够树立茶艺师的“德”的典范。

我觉得茶艺师要成为茶道艺术家的道路是很漫长的，需要在技艺、德行、文化等方面提升自己。再然后，茶人还需要有一个好的身体，这个也很重要。所以这个崇高的理想和方向，我从不放弃，也坚定地去执行。我相信总有一天我们在座的各位，或者我们并不认识，生活在不同城市的茶艺师一定会给身边的人带来全新的认知，茶道艺术家是值得尊敬的，谢谢大家。

主持人　朱海燕

时　间　2016年6月21日（下午）
地　点　杭州梅竺度假村酒店1楼多功能厅

各位茶友，在周老师的主持下，上午的沙龙进行得非常顺利，大家发言踊跃，希望下午再接再励，能够集大家的智慧让茶艺之路越走越宽。

下面，首先进行下午的第一个话题——“当代中国茶艺的核心内涵与社会责任”，有请尹军峰先生发言，大家欢迎。

当代中国茶艺的核心内涵与社会责任

尹军峰

主讲人简介

尹军峰，博士，研究员，中国农业科学院茶叶深加工与多元化利用创新团队首席科学家，中国茶叶学会深加工专业委员会副主任委员。主要从事茶产品风味化学及深加工工程技术研究。先后主持农业部重大专项、国家自然科学基金、国家攻关子专题等项目20多个，先后研制出电磁滚筒杀青机、远红外烘干机以及提香机等新型设备近10台（套），研制出饮料用原料茶、鲜茶固体饮料等茶叶精深加工新产品。获得省部（院）级以上科技进步奖12项，国家发明专利30余项，发表论文130余篇，参编著作5部。获评全国优秀茶叶科技工作者及首届中国茶叶学会青年科技奖等。

各位老师、茶叶界的同仁，下午好！

从茶艺角度讲，整个会场中我可能是认知最差的一个，我是从自然科学角度反过来看茶艺的。这次举办的茶艺沙龙，可能会得到更多非茶艺专业人士的关注，我正是代表非茶艺界的人来看待中国茶艺的发展。我提的议题——题目、内容很多可能不是很准确，可能有很多不对的地方。但不对的地方可能就是社会上对茶艺不了解的共性，具有一定的代表性，希望在座的老师，特别是蔡老师、王老师、关老师等“大家”批评指正。

当时学会向我征集议题，让我从一个非茶艺人的角度提一个议题，本来希望哪位茶艺界的老师来回答，现在变成了自问自答。我把对“当代中国茶艺的核心内涵与社会责任”的认识以及这方面的学术报道总结归纳了一下，从以下三个方面来讲。

□ 一、人们对茶艺职业的理解

因为好奇，我在很多场合，包括在前一段时间的茶艺师资班上都问过这个问题，就是你对茶艺师职业的理解是什么，回答的结果非常不一样。归纳起来有几种答案：一是有很大一部分人觉得茶艺纯粹是自娱自乐的表演，这是很多人的一种感觉，是对茶艺不了解的情况下一种直接的看法；二是茶艺师是展现茶文化的艺术形式；三是仅仅是泡茶的技艺；四是代表修身养性、美德这方面的一种职业。还有很大一部分人说不清楚，就问我：你怎么看。从我了解的情况看，社会上很大一部分人，包括从事茶艺工作的人，并不十分了解茶艺，说明茶艺这个概念，整个社会还不是很清晰。

二、“茶艺”的核心内涵是什么

首先，我们来看茶艺的发展历程。实际上，茶艺是通过日常老百姓饮茶实践和各地人文历史以及民族文化的交融逐渐形成的。

通过对文献的学习和提炼、整理，我觉得中国茶艺的核心内涵可能有以下三点。

1.茶艺是一种特殊的艺术

茶艺是围绕人与茶的多元素有机结合的特殊艺术表现形式，是一种将茶、水、器、人、艺、境等多种元素整合在一起的艺术，应该说是一种特殊的艺术表现。

2.茶艺是展现茶品性的泡茶、饮茶的艺术

茶艺是展现茶内在品性的泡茶技艺与饮茶艺术，不是表现其他。茶跟酒完全不同，茶的内在品性是清幽、儒雅、隽永，是柔。茶艺呈现的应该是茶“自然、

纯真、安祥、静谧"的境界，是一种茶特有的属性。历史上，酒文化历史比茶更久远，但是从历史变迁过程中我们可以发现，茶的包容性更好。茶性是中国茶艺和东方茶文化最好的结合点。

3.茶艺是升华和感悟人文精神和人生观的艺术载体

茶艺是升华和感悟"和、信、敬、廉"等人文精神和人生观的艺术载体。既然把茶艺作为一种艺术，艺术是来源于生活而高于生活，是泡茶品茶技艺的升华。泡茶和品茶也使人的内心升华，因此茶艺不仅仅是泡饮一杯茶，更是一种心灵的升华感悟，表达的是一种人文精神。我觉得，中华茶艺有以上这三个不同层次的内涵表现。

□ 三、当代茶艺行业的社会责任

刚才讲了茶艺的内涵，其实许多茶艺工作者在实际从业过程中都在见证这些内涵，只是不同水平的人员可能体现的层次不同罢了。今天我要讲的不是某一个茶艺师本身要有什么作用，而是整个茶艺行业要有一个什么样的社会责任。

让我们先来看看，这个时代需要什么样的艺术。从历史发展来看，我觉得，跟时代的发展和当代社会价值观相适应的才是有生命力的艺术。比如毛泽东同志在1942年5月发表的《在延安文艺座谈会上的讲话》是根据当时的社会需求，就文艺为什么人服务的问题、普及与提高的问题、内容和形式的统一问题等做了精辟的论述，确立了新时期毛泽东文艺思想，许多文艺工作者在这种文艺思想指引下，在塑造工农兵形象和反映伟大的革命斗争方面获得了新成就，在文学的民族化、群众化方面取得了重大突破，为当时的革命事业作出积极的贡献。

1.当今时代特色

那我们现在这个社会发展正处于什么时代呢?

首先是正处于中华民族伟大复兴，实现中国梦的伟大时代。有人觉得这个很高，我觉得不高，我们这一代人很幸运，经历了中国的快速发展，是最接近民族复兴的时期，但同时又是社会道德、信仰缺失和心态浮躁的年代。经济发展得非常快，但精神层次的提升还不够，我们展现的精神方面，不是说很差，但是相对物质文明的发展而言是严重滞后的，这是大家都看得到的。因此，在这种特殊的时代，如何从追求物质文明向追求物质、精神两个文明同时并进的方向转变，我们在教育和艺术上如何去“举精神之旗、立精神支柱、建精神家园”，这是我们应该要做的事。因此，习近平总书记2015年

10月15日在北京主持召开了文艺工作座谈会并发表重要讲话，为新时期文学和艺术发展指明了方向。

2.茶艺行业的社会责任

针对目前这样的一种社会现状，茶艺这个行业，应该怎么去体现它的社会价值呢？

首先，茶艺是中国茶文化的一个重要组成部分，它肩负着挖掘、传承和创新中华民族传统文化的重担。这在今天早上有多位老师已经讲到，包括挖掘、传承、传播还有创新等，我们是要承担这个责任的。

第二，以传播“和、信、敬、廉”等中国茶道精神为己任。不管是专业茶艺还是群众茶艺，也就是蔡老师讲的艺术性茶艺和普及性茶艺，通过茶道精神的传播来提高国民的素质，提高精神生活和物质生活的质量，来调节社会大众的心态，创造和合、和睦、和谐的社会环境。当代社会非常需要这个。茶的品性就是反映一个“和”，为什么不把这个作为能解决当代社会问题的一个最好载体呢？只有社会认可你这个艺术，需要你这个艺术，茶艺才会有生命力，才会有大发展。

第三，茶艺是宣传茶叶的重要形式和载体，是茶产业的重要一环，担负着推进茶产业可持续发展的重要责任。茶艺将茶的健康功效和文化底蕴密切结合，形式是支撑茶产业发展的好抓手和载体，我想茶艺自身的发展也只有在推进整个茶产业发展的过程中才能得到实现。

最后总结一下，当代中国茶艺就是要做民族的、科学的、大众的茶艺，做让老百姓都能理解的茶艺。谢谢大家。

品茶圖

蔡荣章：刚才讲到茶文化发展到第三阶段，把“茶”跟“艺”结合在一起，但是“茶艺”不等于“茶”加“艺”，茶艺是一个独立的名词，是讲泡茶喝茶的事，而不是把泡茶喝茶加上音乐、加上舞蹈、加上插花、加上诗词，才叫做茶艺。如果没有这一些附加的东西难道就不叫做茶艺了吗？这是没有把泡茶喝茶视为是艺术的结果。把“四艺”与茶加在一起，认为这样才有看头，是错误的第一步，导致评分人员衡量茶席的时候就看这个茶席有没有插花，有没有焚香，有没有挂画，有的话就OK，少一个要扣分，少两个，不及格。这几年，认为“四艺”已经不过瘾了，把“装置艺术”也搬出来，这下子不止是外来元素增多了，还有正式的艺术名堂可以撑腰。起初大家是觉得有这些非茶的艺术加进来比较壮观、有看头，但事实上是削弱了茶的成分、茶的浓度，让不知情的第三者看来，更看不到我们所要呈现的茶了。

贺益娥：我分享一点自己学茶艺的一些历程。其实小时候父亲跟爷爷在做茶时，我可能受到了影响，也参与其中进行茶叶加工，后来大学填志愿看到茶学这个专业，一刹那间改变我的志向，成为了茶学系一个学生。老师挖掘茶艺人才的时候把我选进去，我觉得茶艺太美好，是我想象的生活，在大学里面很有情怀，立志做一个很好的茶艺传播者。后来到茶叶研究所，我们当时的领导跟我说，茶叶是一个绿色的金矿，在这个金矿中可以挖到幸福、健康、财富等等。我反复琢磨这句话，我就身体力行挖掘想要的一切东西。之后，我也确实从茶当中挖到了我所想要的一切，生活很幸福，很美满，把自己得来的幸福美满分享给我的朋友，教给我所有的学生，希望所有人都能够从茶叶当中受益。十多年的茶艺推广，感觉这确实是一个很好的职业，同时也有一定的情怀和社会责任。中国茶可以挖掘的东西太多，只要努力去挖掘，就可以找到很多的东西出来，这是现代茶艺最应该担当的最迫切的社会责任。

叶汉钟：关于民俗，茶艺其实是地方文化的一种表现。茶艺体现的"地方文化的内涵"，是泡茶、欣赏茶的方式等与地方历史、文化、民俗紧紧结合在一起。

记得2000年跟阮浩耕老师在茶楼喝茶的时候我问："茶艺能表演吗？"，茶艺不仅仅是"茶艺"，茶艺应该是艺茶之术，如何泡好这杯茶，是茶艺展示而不是表演。"展示"与"表演"意思不同。茶艺是实实在在的一种民俗，客来敬茶，是待人之礼。茶艺最终展示的作品是茶汤。茶汤是否好喝，与"表演"搭不上边，因为泡茶是一项技艺展示，并非作秀，希望借此抛砖引玉，让茶艺的核心内涵获得更多的重视和推广。谢谢！

罗萍：刚才听到尹军峰老师讲到茶艺的社会责任。他是我的导师，他很谦虚，我很有感触。1992年，我在大学学习视觉传达，学CIS，因缘巧合设计一个茶叶的标志，那个时候没学过茶，只知道绿茶。绿茶代表健康。我画了一个绿色的地球，中间有一片叶子，因为我是遵义正安人，家乡也产茶，就自己起了个名字叫正茶。设计师对产品信息要有了解，我就开始学习茶的知识，喝茶，从此便喜欢上了茶。对于茶相关的知识很敏感，慢慢地学习并从事茶业工作至今。在学习过程中发现中国茶文化博大精深，包罗万象，生产、种植、加工、品饮、历史、地理、文学、生物、艺术、哲学、美学，汇集儒释道精神等。我体会到感恩、珍惜、和谐，越学越精神，越学越喜欢，感觉生活越来越美好。

我们是中国茶叶学会茶艺专业委员会，那么我们到底应该怎样认识、理解、推广中国的茶艺？怎样进行专业引导、怎样普及？茶艺里面的“艺”怎么样去理解，怎样去研究，怎样去传承，怎样建立“茶艺”系统？我想这是我们茶艺专业委员会要承担的社会责任！谢谢！

杨洋：刚才尹军峰老师讲了茶艺的社会责任，当然茶艺不一定非要加上各种各样其他的元素，整个的冲泡过程本身也是一种艺术，在这里把茶提到这么一个高度，这么多全国各地专家学者、大作家、大学教授、博士生、研究员在这里研究茶艺，贺老师是学茶学专业的，她学习茶树的种植、栽培管理和制茶，可是没有学茶艺，所有大学里面没有茶艺这项课程。现在有了是吧，也许是因为整个教育系统对茶艺还不够重视，学科构建还不够完善，所以才会有这么多的争论。浙江大学有茶学专业，他们也不学茶艺，是学生课余在学。过去那么多年里，高校缺少茶艺的教育，厨师还有专门的烹饪专业，汽车修理工也有汽修专业。可能是因为在高校这一块涉及过于少，不适应社会上的需求，所以导致社会各种培训机构兴起。因为培训机构和高校的培养方式和体系不一样，所以才会导致这么多茶艺偏离茶的本身，而更加向其他艺术形式倾斜的现象，比如音乐。因为茶艺人员不够自信，因为茶艺人员接受系统学习的东西太少。所以我希望在座的各位老师是否能推动高校中茶艺这一学科的发展，这样可能以后聊起来的时候，今天所讨论的很多问题，到那时候大家就会形成共识，又会有新的火花去碰撞。

杨柳：杨洋说大学里面有没有茶艺这方面的课程，据我了解是有。温州本地也是有的，但有是有，碰到一个现实的问题，毕业以后去做

什么。温州职业技术学院有这个专业，我们每一期都有跟踪调查，最终留在茶这个行业的凤毛麟角。

我们培养出来的茶艺专业的学生，跟我们现在的社会对他们的要求定位不吻合，让他们自身产生了很大的困惑，不知道自己学的这一些知识能够在哪儿得到发挥。我们需要给他们提供一方土壤，就我们，作为茶叶的经营业者来讲，需要给茶艺专业的学生提供一个让他们能够慢慢积累、把理论和实践相融合的孵化基地。作为一个茶艺工作者，这也是一个社会责任。为什么说“四艺”这么流行，一下子茶文化的装置艺术这么流行，是因为很多饮茶者对茶产生了莫大的兴趣。他们带着各种各样的想法来到这里学习。他们的想法你想都想不到，但是有一个不争的事实，就是他们在学习过程当中确实感受到茶对自己的影响，每个人的收获都不同。这就体现出一个茶艺工作者的社会责任。

今天上午讲正能量、讲核心，我们的社会责任就是要给茶艺学习者提供什么样的内容和课程。能够相互探讨一些茶道思想，或者当代茶道艺术的核心内容，也可以讲茶道的组成。刚才大家都讲，尤其叶老师讲到要围绕着茶，是怎么展开，把思想的大树延伸出来，茶艺首先要有茶，要有水，要有品茗环境，要有茶会！外在围绕茶的直径放大之后，通过这些又表达出你有怎么样的思想，这个思想需要表达，比如说要空寂，还是要健康的。蔡老师，有机会的话请您给我们讲一下茶道内涵图，只有明白茶道内涵图这个路径，才会知道茶艺怎么走出去。

下面由关剑平先生发言，题目是“茶艺的定位”。

茶艺的定位

关剑平

主讲人简介

关剑平，立命馆大学文学博士，南开大学历史学院博士后，现任浙江农林大学茶文化学院教授、硕士生导师，立命馆大学文学部客座教授。从历史学和文化人类学的角度研究生活文化，尤其致力于饮食文化的研究，力图把中国茶文化放在世界的背景下研究，提高中国茶文化研究学术水平。出版专著《茶与中国文化》《文化传播视野下的茶文化研究》，主编教材《世界茶文化》《茶文化》等，主编《禅茶：历史与现实》《禅茶：认识与展开》《禅茶：清规与茶礼》《禅茶：礼仪与思想》和《陆羽〈茶经〉研究》《荣西〈吃茶养生记〉研究》等论文集，在国内外主持研究课题25项，发表论文99篇。

这个题目也是我自己给自己找的。上次开会讨论茶艺考试标准，我提出茶艺考试的内容标准取决于定位，知道干什么就知道考什么，你不知道考什么，关键是你不知道它要干什么。最后把解决这个问题的“美差”交给我了。

当然我对这个话题很感兴趣。现在有一个非常有意思的现象，就是茶文化研究会不去研究文化，相反要去卖茶，要去生产茶；生产茶的反而更注重去研究茶文化。当然没有规定谁能干什么，谁不能干什么，应该是谁有本事干谁就干，市场是硬道理。恐怕跟这个现象一致的是——我是研究文化的，但是今天我这个话题特别强调技术。

□ 一、中国茶文化的特质

中国茶文化的特质是什么，是丰富的加工技术，丰富的加工技术生产加工了多彩的茶叶。我们有自己的文化特质。我们要建立我们的评价体系。

我们的评价体系是什么？刚才已经提到湖州的事情。在湖州，我两岁的女儿在会场上喝茶，旁人给她拍照片，最后上了陈文华先生主办的《农业考古》的封面。当时大家提出一个问题，为什么让你两岁的女儿喝茶？我说，你给我推荐一款比茶更健康的饮料，我叫她换。你找得到吗？找不到！包括刚才看到的这本小册子《茶与健康的科学研究》，说明健康应该是茶叶最好的卖点。这里没有讲到文化，其实不管是日本还是英国，对于茶争论的焦点就是健康问题，茶到底对人是有益的还是有害的。现在有点拼命强调茶道精神的倾向。茶道精神在哪里？今天日本的茶道精神才几十年，是明治维新以后才强调精神。日本茶文化在每一个时代有每一个时代的热点。中国茶文化的热点是什么？我们跟陆羽没有关系，文化不遗传。

□ 二、茶艺的定位与茶艺的定义

茶艺的定位跟茶艺的定义密切相关。已经有人提出茶艺的定位到底是怎么回事。其实在劳动部制定的职业标准小册子里，关于茶艺师的标准、定位定义都有。

茶艺是茶文化的一个消费模式，用茶艺来体现、表现、实现茶文化。文化是概念，是抽象化的，茶文化靠什么来具体化、形象化？茶艺。既然是茶文化，毫无疑问要通过茶来体现，通过茶艺使之具体化、形象化。

茶艺的概念，广义的跟茶学差不多，无所不包；我选择了狭义的：沏茶品饮的技艺。其实很多教材都在用这个概念。

茶艺中包含的要素有茶、水、器、火、时、空，以及使用这些素材性要素完成茶艺的相应软件。

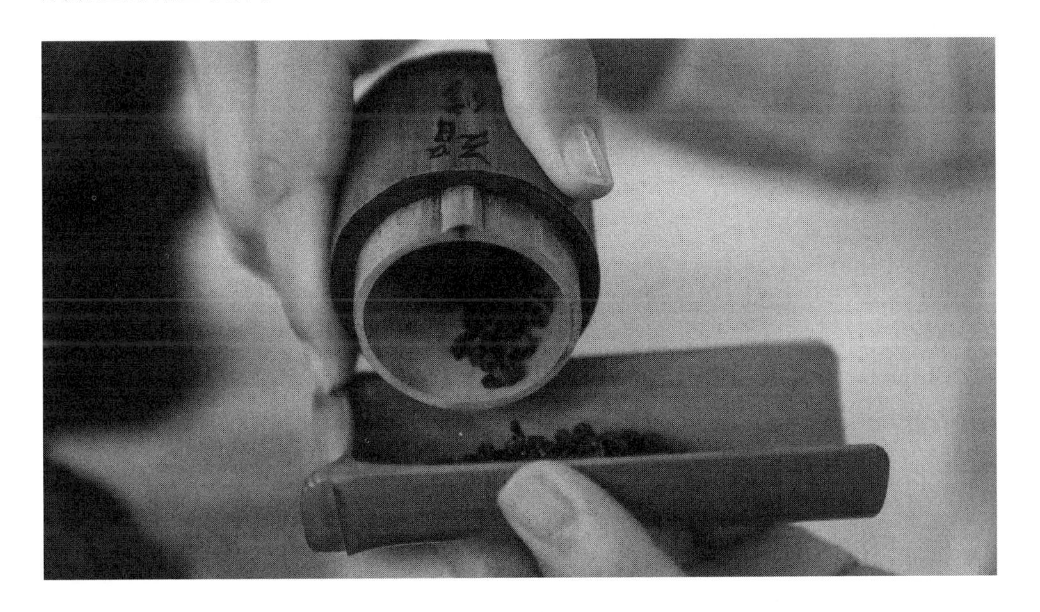

今天在讨论问题的时候，在争论话题的时候，应该把茶艺的定义贴在这里，让每个人在发言前看一下，思考自己的发言是不是符合这个定义。所以陆羽《茶经·十之图》的意义在这时体现出来了。每个人都在发言，如果概念根本不同，尽管很热烈，其实说的根本不是一回事，说完了没有任何进展。

1.茶艺要素

茶是中国茶文化的精髓；器有各种质地、各种造型、各种图案，需要根据茶叶、季节、空间、主题等合理选择，可选择性很强，内容很丰富；水和火相对来说简单一点，简单并不见得容易；时有季节和时辰之分；空就是茶艺空间，饮茶的空间。专用的饮茶空间在中国不发达，历史上也不发达。不发达的原因是书房是饮茶的主要空间。文人或出仕为官，或回家务农经商，都有自己的书房，也就有了饮茶空间。当然有没能进入文人阶层的务农经商者，有层次不等的茶馆为他们提供专业的服务。

这六个要素并不意味着完整，我本来想今天就是提问题，但又想提问题就不利于讨论，需要有一个批评的靶子给大家，于是有了现在列举的这六个要素。希望大家给我多提一些批评意见。你提的问题越多，茶的世界就会越丰富，对于产业来说商机就会越多。我现在特别喜欢说生意。为什么？因为我们有学生。学生毕业了以后必须有产业接着，产业越大，培养出的学生才有地方去。现在已经比过去好多了，倒退10年，孩子们毕业就失业了。我问：企业怎么样？同学回答：我们公司有老板、老板娘、他们的儿子然后加上我。其实是茶农自产自销。现在已经有不少其他行业的大企业加入茶产业，茶产业自己也在发展，有规模、使用现代企业管理模式的茶企都在增加。

当然，往茶艺里加内容要合理，这样才能够成为茶艺的一部分。归根到底茶艺要把茶的优越性表现给饮茶的人，然后让他们去消费。这个茶的优越性毫无疑问应该以口味为第一特征，然后才是其他的审美要素。其他审美要素本来自成体系，并不完全依赖茶叶。但是茶叶没有茶艺、没有沏茶技艺的话该如何表现？

2.完成茶艺的“软件”

对这个概念的后半部分是“以及使用这些素材性要素完成茶艺的相应软件”。我还有一个问题，这些孤立的要素通过一系列的知识技能贯穿起来，我使用了“软件”这个词。这些知识技能是完成茶艺的相关软件，不是物质性的东西，那些物质性的东西没有这个软件就无法成为茶艺，但是“软件”这个词总觉得很别扭。软件这个要素非常重要，某种程度上要超过物质性的东西。

国家取消了几十个劳动技能资格，大家也很担心茶艺怎么办，所以在网上讨论这个问题。关于茶有三个资格，生产、审评、饮用。生产不懂审评不行，生产出什么东西自己不知道怎么行？同样，茶艺师不了解茶怎么沏茶？中国茶文化需要靠茶艺来体现。周老师，中国茶叶学会需要在劳动技能资格调整中发挥作用，重新定位、组构相关资格，包括教材及考试。

软件如何去总结，我也还没有想好。

谢谢！

感谢关教授用非常幽默风趣的语言给我们抛出非常多的思考话题，现在请各位针对“茶艺的定位”发表自己的见解。

杨柳：关老师您好，您讲到茶艺的定位，尤其茶艺中包含的要素，讲到相应的“软件”，您也觉得还要填充很多东西，这也是我们时常感到非常棘手的问题，但是慢慢在实践中有这样一条路，与关老师，与各位老师同仁一起探讨。我一直跟随蔡荣章老师在学习他的茶道文化思想，有一条，就是讲到茶叶生产加工的链条流程有很多，包括生产，先是种植然后采摘加工，这是上游环节；中间的环节是销售；然后茶文化放在最后品赏这一块。在过去的销售终端，我们觉得把茶叶以文化的方式卖出去就可以，那是茶叶市场，但是渐渐对泡茶的技艺要求非常严格非常深刻。我非常赞同蔡老师的观点，他要立一个茶道艺术家的发展目标，慢慢让茶艺师在社会当中的地位能够呈现出来。但是茶道艺术家作为艺术家来讲一定要有自己的作品呈现，这个作品呈现对于茶道艺术家而言就是茶汤。这个碗如果放在这里不拿来泡茶就没有意义，在认同这个观点的前提下，把茶汤作为茶道艺术家的艺术创作最终一个呈现来讲，那器、水、火、时、空全部是茶道艺术家应该能够理解、驾驭的。我觉得你要是观赏过潮州叶老师茶汤作品呈现的全过程，你就会觉得他对器有严格的要求；水，他从不含糊；火，已经用到了极致；至于茶叶品质的要求，不同的人在不同条件下有不一样的评议。茶道艺术家的作品呈现不光存在于一个品茗空间，还有因茶而创造出来的流动的思想内涵和真诚情感的氛围。

叶汉钟：有关茶艺的定位，很有必要提及茶艺师的社会责任问题。茶艺师若主动承担社会责任，本身会得到社会的尊重。茶艺师本身经过专业的学习，在修养和技能上一般会高于常人。如何将茶泡好？是茶艺师必修的一门课程。茶艺师在授课的时候，本着一种社会责任感，将自己的所知所学毫无保留地教给学生，是希望学生可以毫无保留地教给消费者。消费者一旦提高自己的冲泡技能，泡出好茶来，他可以得到精神上的满足，从而更加尊重你。这也是茶艺师行使社会责任的一种表现和回报。所以，作为茶艺师，我们也需要有一种“空杯心态”来学习，正视自己的不足。说到底，我们都处在不断学习、积累经验的过程中。谢谢！

周智修：非常赞同关老师关于把茶叶审评与茶艺合二为一的提议。我们一直反复强调，茶艺师要看茶泡茶，茶艺师要充分发挥茶的优点，掩盖茶的缺点，扬长避短，把茶的特征特性充分发挥出来。茶的品质与茶树品种、茶叶加工、使用的肥料及它生长在高山上还是平地上等都有关系。茶艺又回到原点——科学是基础，非常赞赏关老师对茶艺的定义。制茶工同样要能看茶，否则都不知道自己做的茶叶是好还是不好。所以，实际上茶叶审评是基础。茶艺师要会品茶，这些都是科学的问题。我觉得这一点特别好，我们还是要回到原点，认识茶本质的东西。

贺益娥：关老师说的我也很感兴趣。我经常问找我学茶艺的学生，你学茶艺的目的是什么，好多支支吾吾不好意思回答。我认为如果只是爱好，让生活更加健康美满，这是学茶艺的目的；如果是从事茶业工作，学习茶艺是为把生意做得更好，为企业创造更多的价值，这也是一种目的。知识就是财富，知识就是生产力，只有将茶艺知识应用于实践，促进生产力的发展，促进茶产业的发展，这才是落脚点。学茶艺不用遮遮掩掩，首先解决生存问题，然后再来谈精神上的东西。

冯雪：关教授您好，我是来自深圳的冯雪，我想向您请教一个问题。您刚才说的隔壁的同僚喝茶喝到蛮晚，然后很开心，顺便说了一句说我们不一定要学习日本的精神。说到这我想了很多，我很好奇，您在我心目中是一个当代文人，可能您的观点代表文人对茶的理解，很好奇您的茶思想，能否分享一下？

主讲人

关剑平：我不代表任何人。日本茶道是在战争中你死我活的环境下酝酿的文化。中国的茶文化不是这么一回事，是彻头彻尾的幸福。即使是当我们国家不幸的时候，茶文化也都没落下。而日本早期几个茶文化发展的高潮都是战争时期，或者为了沉醉在茶里面逃避现实，仿佛与外界无关；或者为了安抚心灵。战争时期，今天能够回来是因为杀了人，心里有罪恶感，明天还要出征，心里有对可能被杀的恐惧。不管是杀人的罪恶感，还是对被杀的恐惧，为了弥补、填平这些情绪需要一种安慰。用什么来安慰？佛教是安慰，可是那些没有文化素养的武士，无法深刻理解佛教。这时他找到另外一个东西让自己沉静下来，这就是茶。很小的一个空间，在这里面通过点茶这么一个过程，把全部身心都放在茶上面，去除杂念，安抚自己，然后明天再去赌运气。中国人用不着。我们这么幸福，所以要继续把茶做得更幸福。

茶拥有多大的可能性谁也说不清。我刚才也说了，我们是说三道四，请在座的诸位放开手脚去实践，很多可能性不做不知道。茶这个东西没有什么个性，没有个性似乎是贬义词，其实它是茶的优点与强项，就是跟谁都能合作。你做什么产业都可以把茶作为你的一个舞台。过去在上海负责茶艺师培训的时候，学员中有律师事务所、保险公司的工作人员等，最终做保险的把工作辞掉去做茶了。他们最初的学习动机很简单，就是通过茶可以和顾客建立信赖关系，不向你推销保险，给你沏茶，给你买茶叶，最后才回到保险上。

非常感谢，接下来讨论的话题是“中华茶艺传承的文化基因”，有请王旭烽老师。

中华茶艺传承的文化基因

王旭烽

主讲人简介

王旭烽，第五届茅盾文学奖得主，现为浙江农林大学文法学院名誉院长、教授，汉语国际推广茶文化传播基地主任，浙江省作家协会副主席，国家一级作家，中国国际茶文化研究会理事，浙江省茶文化研究会副会长，中国作家协会全国委员会成员，杭州中国茶都品牌促进会理事长。曾获国家首批四个一批人才称号，国务院特殊津贴获得者，浙江省中青年科技突出成就获得者，曾四次荣获中宣部“五个一”工程奖。出版《中国茶谣的创意与文化呈现》《品饮中国——茶文化通论》《茶文化传播培训讲义》等茶文化理论著作、多部获奖小说等文学作品及《玉山古茶场》《茶者圣——吴觉农传》《茶人传奇》《爱茶者说》《瑞草之国》《旭烽茶话》《茶语者》《一片叶子》等茶文化读物。

我的题目是“中华茶艺传承的文化基因”，所以我会在基因上多做点思考。

□ 一、乐生，中华茶艺传承的文化基因

什么是基因？基因就是区别于同类间或他类间的那个最根本的东西。什么是这个命题中的文化基因？我找到的第一个词是“乐生”。乐生是中华茶艺传承的文化基因。

1.中国人的世界观——乐生

首先还是讲一讲中国人的世界观。看整个中华民族的发展历史就知道，中华民族的源头不仅仅是汉族，那时候三苗、蚩尤、西戎、东夷……，今天56个民族组成的中华民族，共同确立了中国人的人生观和世界观——乐生的世界观。从中国文化的源头《易经》，我们就可以看到，《易经》成为道家文化的文化渊源，从老庄哲学中延伸出中华民族的基本人生观，是肯定生命存在，是享受现世生活的。后来成为主流文化的儒家文化，其实深受老子哲学的影响。所以《论语》有开篇第一句话“有朋自远方来，不亦乐乎”，也有第二十六节的“暮春者，春服既成，冠者五六人，童子六七人，浴乎沂，风乎舞雩，咏而归。”说的是春天到了，孔子与五、六个朋友，六、七个弟子到沂水边去游玩，然后春风吹过，大家在充满着愉悦的微醉熏熏状态中，唱着歌儿回家，这实在是最美的一种境界。所以我想，首先，“乐生”这个大前提要确定下来。

2.乐生的意义与茶之乐生

第二，讲一下什么是乐生。乐生千万不要简单理解为“快乐地活着”。快乐地活着不是乐生的全部意义，我觉得若是能够再加上一个字就是乐生的意思，那

就是“要快乐地活着”。我希望我要快乐地活着，这样一种精神和西方基督教“原罪说”衍生下的虚无主义精神是不相吻合的。十八、十九世纪以后，西方哲学思想就出现虚无主义思潮，出现了一些代表性人物，如俄罗斯文学里面的无政府主义人物形象，比如屠格涅夫笔下的罗亭，他们被称之为“多余的人”。“多余的人”里面其实是有虚无主义的东西的。而总体上来说，中国人认为活着是有意义的，而活着有意义的这样一个状态就是乐生，这个意义包括美好的物质生活和美好的精神生活。

我们知道，佛教文化实际上并不是从中华民族本民族土壤里面产生出来的，它是从天竺（古印度）传过来的，而道家文化和儒家文化才是我们的本土文化。特别是道家文化，更能够代表普通民众的价值观念。历史上的中国人，无论权贵还是百姓，都希望自己成仙。成仙什么意思？所谓“仙”者，一个人一个山，字面上解释就是住在山里面的人，得道成仙以后，肉身上天，因此长生不老。中国人的概念当中追求福、禄、寿，这种概念就是你永远地在这个时间和空间长河里面，永恒地绵延下去，这样一种状态就是人生的终极目标。因此人们会发现每次一讲到茶寿，108岁，人们的眼睛都亮了，每个人都对长久地活着充满了兴趣。人最早的恐惧就是怕自己死，因此长久地活着是我们的终极目标。跟日本的樱花情结，朝生暮死的情结，赶紧抓住樱花盛开的时日去享受生活不一样。我们是追求天长地久的活，一旦肉体长久了，健康地活着就快乐了。中国人在追求物质的时候，其实也是在追求精神，乐生精神是包含要快乐地生活。

乐生与茶的对应关系有那么几个方面：第一，乐生乐在物质形态上。喝茶的时候本身有物质形态享受，比如说茶味道好，味道浓、淡，龙井茶的无味之味，神农尝百草，直接从茶的物质形态当中得来的享受，这是人类最基本的享受，是非常重要的。中国人特别强调实体当中蕴藏着的精神形态；第二，乐生乐在精神形态上的品位。我们有的时候会有这样的经验，跟特别好的朋友或者三五好友，一下午喝着特别好的茶，但是走的时候没有记得自己喝的什么茶，除了口里满嘴生香之外其他没有感受到，所有的过程被人与人之间的美好紧紧吸引住了，我们最幸福的状态、最高级的状态就是在喝茶的时候忘记了茶，沉醉在人与人之间的关系当中，这样一种精神形态的品位也是借助于茶来完成，也是离不开茶的。

3.社会关系与乐生

第三，社会关系的协调。除非刻意的阴谋，一般人们坐在一起喝茶，从来就不是为了打仗，所有喝茶的时候都是为了和平和友谊，为了和谐。因此平常都说你到我们家来喝茶，喝茶是为了大家愉快，社会关系的协调。敬老茶会，年终的茶话会，或者谈恋爱请你喝茶，所有这一切，都是愉悦，都是与社会关系的协调和乐生对应的。

4.自然形态与乐生

第四，自然形态的呼应。茶是美不胜收的，人与自然之间极度的美好与呼应，靠茶和人相互来完成，乐生与茶一直就有那么一种对应关系。

5.茶中的乐生基因

第五，沉浸在茶中的乐生基因。比如神农尝百草，本质就是拯救人类，从发生学角度和起源学角度来说，乐生的基因已经开始荣升了。我们再来看看王褒的《僮约》，这是人类历史上第一份与茶有关的契约，实际上王褒是汉宣帝时期的幽默家，是游戏文学的鼻祖。

当时的太子得了抑郁症，他们有一波人经常陪着他玩，陪着他写幽默的小品相声之类的。《僮约》本质上就是文学作品，带着戏虐基调，是欢乐的。看完整的王褒《僮约》，一开始他住到寡妇家去，引出仆人的不满，给大家讲这个故事的时候都觉得搞笑，被这个快乐、风流的故事所吸引，它是有快乐的基因的。到杜育的《荈赋》，是快乐劳动，是劳动的享受。

再说陆羽的《茶经》，大家千万不要以为陆羽的《茶经》非常严肃，为什么说有三五个人，只可以有四五啜，醍醐灌顶，首先是舒服，不是说让自己喝了茶在那里艰苦的挣扎，而是喝了茶是要舒服的，这个舒服比较高级。陆羽要清饮，是要让自己心灵和肉体都得到满足。

苏东坡就不用说了，苏东坡写"活水还须活火烹"的时候，"坐听荒城长短更"，其实他很悲凉，原来是副宰相的级别，后来流放到海南岛，依然有这个乐生的价值观，并且最终依然保持的乐观的态度。

刘松年的《斗茶图》，文徵明带领那么多人到惠山去喝茶，都是要享受的。

徐渭书《煎茶七类》，其实他自己再过一年就去世了。他活得很惨，发精神病把老婆给杀了，把钉子钉到耳朵里，就这么悲凉的一个人生，生命结束前依然有顽强体味生活的品相，这是中华民族的精神品相。

最后是当今中华各民族的茶艺基调。在云南苍山洱海，我曾经品饮过三道茶。他们一直在载歌载舞中请观众喝茶，少数民族在人们面前总是表现出欢乐的状态。

6.日本茶道——哀生的文化

日本的茶道其实也是从中国的唐代传过去，起初没有发展起来，宋代又传过去，再到元、明、清发展形成日本茶道。但是即便是从中国传过去的这样一种文化，依然会变成哀生的文化。因为日本民族是一个哀生的民族，而我们中华民族则是一个乐生的民族。你会发现不管陆羽，苏东坡，还有很多茶人的历史，跟他们发生关系的几乎全部是文人。哪怕皇帝也是像赵佶这样的文人皇帝，哪怕像朱元璋这样的农民造反领袖，也会讲很多统治阶级的权术，而不是一味的杀杀杀。中国茶文化在文士阶层当中诞生，相比而言，日本茶道则是在更为严酷的武士阶层中诞生的。我们不妨将两国的茶圣陆羽和千利休作一比较，陆羽和传说中的女友李冶是在公元780前后被皇帝招进京，李冶去了，而陆羽两次谢诏而拒。陆羽代表中华民族很重要的文人情怀，他把宇宙和自然作为自己的价值观，把茶作为大自然的使者。所以，他最后颐养天年。而千利休则是自杀的，实际上，是他的茶道学生权臣丰臣秀吉命他自杀的。在千利休手里以哀生的精神，完成了日本茶道的集大成。他们通过茶修炼自己，约束自己，来使自己变得更好一些，或者在那一刹那更好一些，这样一种严肃规范，这么一种4个小时1000多个动作的日本茶道，与中华民族对茶的认识其实很不一样的。

□ 二、茶艺，应以乐生为指导思想

讲到茶艺，我的理解可能会更宽泛一点。所谓茶艺，我下的定义是关于制茶与饮茶的技艺。看陆羽《茶经》第一章里面“艺而不实”，很多年以后才理解为技艺技术，包括制茶品饮茶两方面。非物质文化遗产龙井茶的制作法也是属于技术，所以这个茶艺里面应该有很强的技术性、科学性，同时又是最美的，就像紫砂壶一样，凡是最漂亮最好的壶，最符合审美价值观的壶，往往泡茶出汤是最好的，这是功能性和审美性高度的统一。

我们现在常常出国进行茶文化艺术呈现，而展示就意味着和他人交流。如果不管他人就只管自己，那么你出去干嘛？我们希望中国茶艺在我们的展示下让全人类都能够接受，这样我们的指导思想就是要乐生，就是要为他人着想。到什么山唱什么歌，你展示给外宾看的时候，冲泡节奏什么可能都要快一点。很长一段时间，从20世纪80年代末、90年代初的时候开始，台湾省、香港等地开始完完整整地把日本茶道的精华部分拿过来，一段时间里成了茶艺的坐标。

我觉得我们中华民族茶艺还是要和目前的日本茶道基调有所区别，在基因上

有所区别。去年到法国参加一个会，经常会间休息的时候就是日本茶道展示，没有中国茶道展示，于是全世界的人都认为只要是茶道就是那么慢，自己管自己弄的东西。所以我想还有这么大的13亿人口的泱泱茶文化的母国，没有展示出她的茶艺品相来。如果我们展示出来，那将是非常的丰富多彩，也能够为人类做出更大的贡献，哪怕在短暂的刹那，也能够给人的心灵带来慰藉。我觉得我们的茶艺目的也就达到了。

现在国外确实很多地方认为日本茶道是全世界最棒的，甚至他们认为茶文化就是日本茶道。但是，他们为什么会有这样的认识？日本人会有一些文化标志、文化符号，比如说日本茶道，还有和服，有一些东西会成为文化符号，比如说日本首相到中国来，他带上的是里千家，千宗室。现在我们国家领导人出去带几百人全是企业家，都是去谈经济，很少有文化的代表性人物。在日本，茶道家元是代表性人物。茶道家元的社会地位是超越技能评判坐标的，如果仅仅是这个行业里面产业经济方面的领军人物，是远远不够的。茶艺大师这个价值评判标准应该超越一点，比如我们的当代茶圣吴觉农先生，他是现代茶业复兴、发展的奠基人，他在搞茶产业的过程当中一直是公共知识分子，是妇女问题专家，也是著名的出版家，然后他又是一个茶叶的大家，他是可以代表民族形象的。

因此，我们这些搞茶文化教育的人，就觉得这个行业应该制定一些有别于其他的行业的准则，在道德上应该有一些标杆。现在评价一个茶艺师，只要他初级茶艺师、中级茶艺师考出就给他证书，是不是还要对这个人有“德”的评判，不知道要不要这个东西？如果没有这个，如这个人不诚信，他可不可以进入考核体系？我们现在不仅要有考核体系，这个也是可以提出来考量的。我觉得做这个事情真的叫作任重道远，路还很长，可能还要几十年，但是要有人去做这个事。

非常感谢王旭烽老师。

叶汉钟：潮州工夫茶的核心是“和、敬、精、乐”。我们泡茶可以很专注，品茶可以很开心，大家都会很舒服的。没有“乐”就没有意思。

蔡荣章：想到所有文化基因，想到庄子的一句话：这是一个“无何有之乡”。我们的茶也是存在于一个“无何有之乡”。我们制茶的时候不需要什么，只要空气、水分、时间，茶自己就会形成很好的味道。泡茶也不需要什么，壶不要有任何的异味，水不要有太多的溶解物，甚至不需要加热就可泡出很美的茶汤。喝茶也要在“无何有之乡”的境界来享受。第一，不要有好恶之心；第二，要把嘴巴弄干净；第三，要有空白的心情。这个“无”就是我们的茶文化基因。

“乐生”真的是一个很美妙的境界，相信大家对于乐生肯定还有很多自己的见解。

接下来讨论的是“茶需要洗吗？”这个议题。这个问题看起来很简单，但是探究起来，包含有科学道理和人文内涵。相信各位在茶事实践中多多少少都会遇到过这个问题。现在请蔡荣章老师先分享关于茶要不要洗这个话题的经验。

茶需要洗吗？

蔡荣章

□ 一、洗茶错误的原因

先说第一道茶水倒掉的错误原因。第一，大家说这是卫生的问题，因为茶叶脏，要先冲一下；第二是农残超标的问题；第三是习惯性的问题。前几天跟闽南地区的一些茶农在一起上课，他们都知道卫生的问题用“冲一下”是没有什么用处的。他们也知道农药的残留这么冲一下也是冲不出来的。他们也认为第一道茶水倒掉是习惯性的问题。洗茶，到后来说成“温润泡”，后来说成“醒茶”，很多美化的名词出来，但是大家心知肚明，事实上所谓的温润泡、所谓的醒茶，是可以用其他方法代替的，不需要第一道倒掉。有人还提出焙火茶要将第一道倒掉以去燥气，渥堆茶要将第一道倒掉以去渥堆味，老茶也要把第一泡倒掉，否则会有霉味。以上是市面上认为第一道要倒掉的各种理由。

卫生的问题跟农残的问题，都没有办法用倒掉第一道茶水来解决，生产的问题要在生产上克服，不能求其在泡茶时候解决。英国人泡红茶时是不洗茶的，即使下午茶用壶泡散茶。绿茶也没有倒掉第一道茶水。为什么唯独乌龙茶和普洱茶倒掉？再说这样所谓的温润泡、所谓的醒茶，失去了很多香气和滋味，很多水可溶物在这个瞬间被牺牲掉了。如果我们泡茶的时候还要解决卫生的问题，我们的茶叶、我们的泡茶将登不了大雅之堂，茶席上还要清洁茶叶，甚至还要煮水消毒茶具，谈什么茶艺、茶道，谈什么茶道艺术？

二、焙火茶、老茶是否要洗

再说最近大家提出的几个问题：第一，焙火茶，焙火茶要放一段时间再泡来喝，而且不应该焙得太猛太重，不要焙到七八分火，这样就不会有燥气。

渥堆渥得太足是不好的，渥堆应该只是帮助茶引起后发酵的效应而已，若又经过一定时间的存放，是不会有渥堆味的。

再说老茶，存放到10年、20年的老茶，它的水可溶物溶出速度很快，第一道即使即冲即倒，最少也要损失三分之一的存放价值。有人还质疑灰尘的问题，存放的时候应该用棉纸或布袋包起来，裸露存放不只有灰尘的问题，对茶叶的品质也是不好的。存放得宜的老茶不会有霉味，应该是老茶特有的陈香与老味才是。

谈“茶文化”要有不洗茶的信念，发展茶产业，要让饮用的人放心喝茶，只有在泡茶时不洗茶，才能让茶登上大雅之堂。

所以谈第一道茶要不要倒掉，不能迁就卫生、农残、燥气、渥堆味、霉味等生产上的问题。

谢谢！

这个问题相信各位在实践中多多少少都遇到过。现在请各位对“茶要不要洗”这个话题谈一些经验，并和大家一起来分享，这确实是一个看上去简单但却是又挺复杂的事情。

金华：各位专家学者老师，大家好，我是来自浙江龙泉，我叫金华。因为之前考技师的时候写的论文就是关于洗茶，跟大家一起分享一下。我们是茶叶生产厂家，也在当地开茶馆，跟客户这么讲，我的茶不需要洗。龙泉，一是环境非常好，我们用的原料是非常努力做到安全的茶青，已经七年不喷农药，几次参加中国茶叶学会“中茶杯”评比，全部没有检出农残，是生态的；第二是我们的加工也特别注意清洁。一个坚持好好做茶的生产厂家会非常注重生产的每一个环节，所以说从生产的角度来讲，我们的茶里其实不会有什么灰尘。另外，在加工的过程中，有非常多的环节，是能够做到高温杀菌的。所以我觉得茶是不需要洗的。

从厂家的角度看来会觉得洗茶很可惜！茶叶采制季节通常都是通宵生产，每次连续作业大概15天，半个月的样子，这是非常平常的事。所以，我们对每一泡茶都非常珍惜，希望一泡茶泡出来可以有更多的茶汤，分享给朋友品尝，倒掉第一泡就少了一泡，从这几个点来讲是不应该洗茶的。谢谢大家！

叶汉钟：关于茶需不需要洗的问题，茶能不洗就不洗，但有一些茶，不洗不行。

第一次听到“不能洗茶”的观点，是在2004年。当时华南农大的丁老师跟我说：“老叶，这茶尽量不要洗。”我问了他原因。他曾在一次国际会议上，遇到一个日本人的提问：“是茶不干净吗？为什么要洗茶？”他一下子答不出来。从那以后，丁老师便经常建议泡茶者尽量不要洗茶。

绿茶、铁观音茶、台湾茶等，并没有洗茶的必要。

如普洱茶，不管生茶、熟茶，在蒸压、加工、存放过程都会产生很多小颗粒。

茶叶制作过程中，需要经过“揉捻”工序，揉捻过程中，茶叶表面会出现破损，一些细胞质的小颗粒就会附着在茶叶上，如果没有在开始正式泡茶之前去掉这些小颗粒的话，会使得茶汤出现浑浊、不透亮的现象，口感也可能变得苦涩。如果经过洗茶，可以在第一泡去除小颗粒，后面几泡茶汤就会透亮且甜润。

对于存放20年以上的老茶，因为里面的小颗粒已分化掉了，所以不需要洗茶，茶汤也很透亮。

乌龙茶制茶要求很高，中间出现不少小颗粒，导致茶汤浑浊，这是生产的问题，茶叶质量本身并不是达不到卫生标准，是初次加工不足导致产生苦涩味，苦涩味只能用火功补充，这样的过程又产生很多的碎末，洗茶其实也洗掉碎末，同时去除茶叶上的小颗粒（实为茶的内质成分，不是灰尘、微生物等外来物），会使得泡出来的茶汤清澈透亮，喝起来也会甜爽，茶汤口感也会更好。洗茶让后面的茶汤更加透亮，口感更好。

喝茶能喝出健康，这话不假。对于饮茶影响睡眠的人，如果喝茶不洗茶，喝完之后，晚上难以入睡，那还是建议洗茶。通过一两遍的冲泡，使茶汤的咖啡因含量减少，对自身的刺激也会减轻很多，就容易入睡了。当然，喝茶睡不着，也可能是心理原因。

洗茶，作为传统乌龙茶冲泡的一种程式，具有一定的历史文化意义，现在也推广到普洱茶的冲泡方式上，不应该将其删除。“洗茶”的概念不能仅仅停留在过去“认为茶脏”的认识角度上，应与时俱进。洗茶主要起到润茶、醒茶、起香及去除小颗粒的作用，应该深入地理解洗茶的必要性，如烹饪中的炒青菜，将青菜焯一下水，可以去掉菜的青味，而非菜脏。任何一种冲泡技艺，前提都是要为如何泡好一杯茶汤服务。不能单看表象，就认为洗茶不必要，这是不客观的，应该看茶泡茶，看茶洗茶。谢谢各位老师！

于良子：关于要不要洗茶的问题，我认为还是应该“看茶洗茶”。中国茶类丰富多样，各种茶都有自己的品质特点。如果是为调节口感的问题，洗或不洗都应视具体茶品而定。如果从卫生角度来讲，完

全可以信任的合格产品，则无需洗茶。

我始终坚持这样一个观点：茶叶经检验合格出厂，作为生产者来说，已为成品，但对品饮者来说，这只是半成品，只有到完成冲泡了以后的茶汤，才算是真正的成品。在后半场，茶艺师理应用多种冲泡的手法和技巧去扬长避短，完善茶汤质量，茶艺师的技术价值也正在于此。

洗茶与否问题的提出，其意义在于提请茶艺工作者应避免人云亦云的盲目性；同时也提请我们的茶企进一步引起对产品质量的重视，提高整体质量水平，做出更让人放心的优质茶。

贺益娥：特别支持周老师的观点，自己选择放心的茶来喝，如果这个茶认为不放心，我坚决不会喝也不会买，认为很好，才会喝。我认同不要洗茶，从三个角度来说。

第一，从科学的角度，第一泡茶汤中营养物质非常丰富，如果倒掉会很可惜。

第二，从历史的角度，从唐代的煮茶，宋朝的点茶，明清的泡茶，主流都不需要洗茶。同样，国外泡茶，也不需要洗茶。

第三，茶是成品，也是干货，就像我们湖南人喜欢吃坛子菜，没有人会先洗再吃。

叶汉钟：你刚才说历代没有洗茶，今天这个词就不用讨论了。

于良子：明代就有，明代人认为主要是洗掉灰尘和“冷气”。

叶汉钟：我们的茶汤泡出来为什么会浑浊，是工艺的问题，如果炒不熟去烘焙，这样的成品茶泡后全部是浑浊的，小颗粒是茶的内含物出来的小颗粒。原来靠脚踩的是历史，现在不用了，是手揉捻出来的。

杨洋：既然小颗粒是茶的内含物质，这个内含物质对身体有害吗？如果有害把它丢掉，如果不是有害的物质为什么要把它丢掉？

周智修：我们为什么提出这个问题来，因为洗茶可能比较普遍。当前，特别是行业外以及国外对我们“洗茶”感到很不理解，所以提出这个问题，请大家好好讨论一下。

“洗”，普通人的逻辑就认为这个东西可能是脏了，如吃完饭，碗脏要洗一洗；今天出过汗，穿的衣服要洗一洗，因为脏才去洗。最近去了武夷山。武夷山人告诉我“我们的茶很干净，不要洗。”他们还研制了武夷岩茶冲泡标准。他们告诉我：“我们标准里面没有洗茶之说。”去年12月份我到了贵州，贵州的农委主任说，现在贵州的茶产量和茶园面积是全国第一，“我们贵州茶很干净，不需要洗茶。”我特别欣赏这两个产区！他们非常自信！我们得站在茶产业发展、茶艺茶道发展的高度来看待洗茶这个问题。因为在座各位，每个人的影响力很大。怎么样去宣传，让我们能够得到行业外的信任，这很重要。我们出去开会，好多其他行业的秘书长围着我们问，茶叶究竟有没有农药？能不能喝？茶叶究竟要不要洗，如何泡？我们能不能给行业外的人一个比较信服的答案。我个人想洗就洗，不想洗就不洗，这没有问题。但是我们如何去向民众推广我们的茶叶？向世界推广我们的中国茶？这不是个人的事情。个人怎么喝都可以，喝了睡不着今天就不喝。但是我是行业里面的人物，在对外面宣传的时候，想一想怎么样去传播，才让行业外的人对我们的产业信任？这就回到刚才尹老师讲的我们的社会责任，大家想一想，我们为什么要提出这个问题来？

现在真是到了无茶不洗的地步，绿茶也洗，好的茶氨基酸含量高，把第一泡最好喝的氨基酸倒掉。你们茶业内的人不喝，行业外的人还敢喝你的茶？你是洗一次洗干净还是洗两次？洗到什么时候才算洗干净？我们茶杯里的茶汤跟碗里装的白花花的白米饭是一样的，是茶农辛苦劳动的成果。在座的都是在茶业界的专家学者，你们后面有一大批的粉丝，所以，怎么样正面地去引导，让这个产业能够健康地往前走，是我们要思考的问题。2002年的时候，我们中国茶叶学会在潮州开了一个年会，当时陈院士提出“全程清洁化生产”的理念，从生产的基地到车间，再到包装运输的过程，要全程清洁化。大部分的生产企业都能做到茶叶不落地，标准化生产，人与茶叶分离。谢谢大家。

关于茶需要洗吗，这确实不是一个简单的话题。事实上，如果茶道技术“精”的标准，真正能够做到从茶园到茶杯认真实施，茶肯定不用洗。刚才讨论这么多，最终回到一个问题，那就是茶叶的加工如何来规范才会让所有的消费者完全都不用顾忌，拿起茶来就泡。

关于这个话题先讨论到这里，接下来有请周智修老师给我们阐述“茶艺研究与推广任重道远”。掌声欢迎。

茶艺研究与推广任重道远

周智修

主讲人简介

周智修，研究员，现任中国农业科学院茶叶研究所茶业职业技能培训中心主任、中国茶叶学会常务副秘书长、中国茶叶学会茶艺专业委员会主任委员，“周智修技能大师工作室”被人力资源社会保障部认定为国家级技能大师工作室。编著《习茶精要详解》上下册、《茶健康》著作三本；副主编《茶艺师培训教材》《茶艺技师培训教材》两本；参编《评茶员培训教材》《品茶图鉴》等。组织开展茶业专业技术才人培训及茶艺师资、茶叶审评师资、茶艺师、评茶员、茶叶加工职业技能培训，组织举办2006、2013、2016、2019全国茶艺师职业技能大赛（国家二类竞赛），起草《茶艺职业技能竞赛技术规程》和《少儿茶艺等级评价规程》团体标准。被授予浙江省劳动模范，第四届、第五届“中国科协先进工作者”荣誉称号。作为终审专家组组长参与《茶艺师国家职业技能标准》审定。

这个议题是替补的议题，本来还有南京农大朱世桂老师发言，她有一个议题，PPT也发给我们，临时来不了，我说你这个议题下次再讨论，这里就增加了现在这个议题。

题目稍微有一点沉重，也想与大家一起讨论，希望通过讨论思考，以后来共同推进工作。

□ 一、茶艺研究与推广的现状

首先谈谈茶艺研究与推广的现状。

第一，茶艺领域的研究相对是比较薄弱的。中国茶叶学会与台湾省主办海峡两岸的茶业学术研讨会，从2000年开始到今年已经9届了，是一个综合性的学术研讨会，研讨内容包括加工、生产、栽培，经济、产业发展，还有文化等。从历届提交的论文来看，2003年总共81篇文章，没有茶艺研究方面的文章；2006年105篇论文，茶艺研究的只有2篇；2008年78篇论文，只有1篇茶艺研究方面的文章。今年刚刚结束的研讨会议上共132篇，只有6篇茶艺相关的文章。现在茶艺研究的文章还是有增长的趋势。尹老师在做水的研究，于良子老师在做器的研究，这是一个好现象，但总体相对于其他科学领域来讲，这个研究领域还是比较薄弱的。

第二，茶艺推广蓬勃兴起。无论是茶艺培训、茶艺比赛，还有各种各样的活动，包括全民饮茶日活动、无我茶会、申时茶会、百家茶汤品赏会等，大家能体会到茶艺推广的蓬勃兴起。从中国茶叶学会组织的全国茶艺职业技能竞赛来看，2006年14个省（区）2000人参加预赛；2013年24个省（区）3000多人参加预赛；

2016年有25个省（区）参加比赛，预赛人数超过15万人次。从茶艺培训来看，中国茶叶学会培训开展十多年，总的培训人数每年不断增长，需求也不断增长，只能限定报名人数，满额为止。茶艺培训的推广趋势非常好。

第三，全民饮茶日活动不断传播和拓展。这个活动是我们与王旭烽老师一起做，第一届全国15个城市，第二届33个城市，第三届50个城市，每年在增加，今年达到80多个城市。现在王老师还往国外拓展，通过孔子学院向海外传播，这个也在不断推广。

□ 二、茶艺研究与推广任重道远

基于以上现状，我讲几点想法。

第一，研究相对薄弱与推广红红火火之间的矛盾。茶艺研究跟不上推广，推广的过程中我们可能缺乏一些科学依据和文化依据，经常只是一些经验的传播。

第二，在推广过程中重技而不重德。刚才讲到我们的社会责任，有责任、有德行的人才能是茶艺师。茶艺师工种有职业道德要求，好多机构没有把这个内容作为重点内容来讲。

第三，重形式而不重内涵。好多的动作，究竟为什么要这样做，内涵是什么，没有说明白。

第四，重程式而不重茶汤。刚才好多老师已经讲到，茶汤是关键。但是从比赛的情况来看，在全国大赛、省级大赛上要喝到一杯很好的茶汤还是蛮难的。

针对上述一些问题，茶艺工作者研究和推广还任重道远。我亲身经历一件事，大概五年前，接待联合利华的英国工作人员，他跟我讲："我爷爷做茶，我爸爸也做茶，我也做茶，我的血液里流的都是茶。"但英国不产茶。我先生的朋友，去年到我家里喝茶，喝得很兴奋，跟我讲"No Tea No Life；know Tea know Life."，后来我请他写下来。他是一个美国人，他说不知道茶就没有生活，知道了茶才懂得了生活。

1906年，日本人写了一本书叫《茶之书》，用英文写的，内容编入了美国小学生课本里。所以，西方好多人对于茶道的了解从日本开始。作为茶道的母国，我们向世界传播些什么？

周老师用一颗非常重的责任心把这样一个话题抛到各位面前，接下来要集大家智慧来共同探索。茶就在生活的每时每刻，因为茶很健康，这是为什么这么多年来无论多么艰苦，无论遇到多少的困难能坚持在茶道上的唯一原因，接下来我们听取各位的看法。

王旭烽：这一次《茶人三部曲》全部翻译成俄语，刘延东和我一起送给俄罗斯的总理。这样获得一些影响。

主讲人

周智修：大家看PPT，这张照片中的这个人大家熟悉吗？5·12大地震的“可乐男孩”，当救援人员把他从废墟中抬出来的时候，他说“叔叔，我要喝可乐。”而且要冰的。我们的年轻人都不喝茶，喝一些外来的饮品，茶文化如何传承。谢谢大家！

王旭烽：现在国外确实很多地方认为日本茶道是全世界最棒的，甚至他们认为茶文化就是日本茶道。但是我想他们为什么会有这样的认识？日本有一些东西会成为文化符号、文化标志。比如：日本茶道、和服。日本首相到中国来，来的时候他带上的是里千家、千宗室，现在我们国家领导人出去带的几百人全是企业家，都是去谈经济，好像几乎没有文化的那种代表性人物，也有几个作家，反正挺少的，根本没有想到过茶可以进入这个领域，或者中医的大夫什么的，我想，他们的社会地位是不是应超越技能上的东西。如果仅仅是这个行业里面的一个领军人物，可能是不够的，如果说是茶艺的大师或者是茶行业的什么，这个价值评判标准可能要超越一点，否则，你就只是这个学科里面一个专家。因为像我们吴觉农先生，他在搞茶叶的过程当中一直是公共知识分子，是问题专家，是著名的出版家，然后他又是一个茶叶的大家，他这种人就可以代表些什么，像里千家就可以代表一个民族。比如像我这样的人，我一直内心将自己定位成客卿的角色，我从很年轻时就立下志向，一辈子做这个事情，而且在道德上追求完善，但是我认为今天这个时代可以培养这样的人，我们在后面当当人梯。但是我觉得国家需要，需要文化符号，需要这样类型，这是很重要的一条。

另外，我们圈内，其实因为我也在搞教育，就觉得有的时候这个行业是不是应该制定一些有别于别的行业的准则，在道德上应该有一些标杆。现在评一个茶艺师，只要他初级茶艺师、中级茶艺师考过就给他证书，是不是还要对这个人有“德”的评判，不知道要不要这个东西？如果没有这个，如这个人是不诚信的，他可不可以进入考核体系，我们现在不仅要有考核体系，“德”也是可以提出来考量的。我觉得做这个事情真的叫做任重道远，路还很长，可能还要几十年，但是要有人去做这个事。

王海兰：我是来自无锡的王海兰，能参加今天的研讨会是我的荣幸，能跟这么多全国各地的专家交流和学习。

在我们茶行业里现在有很多高级评茶员、技师，但缺少茶艺教师。拥有茶行业的技师证书不等于可以开课讲课，就像英语很好不一定可以到学校里教英语一样，首先要有教师证，对教师的考核首先第一条就是师德。

去年参加上海少儿茶艺的研讨会以后，跟无锡领导汇报，无锡教育局领导非常支持。他们针对小学、初中、高中、双语学校共选了四个学校，选了最好的，各设立了一个教室，由我担当茶艺老师。

四个学校的形式都不同，小学讲授同样的内容，针对不同的学生，表现好的学生可以参加一次，上完课写学习笔记。初中、高中学生是系统学，一个学期10节课，高中设有茶会课。

在无锡，暑假里国学班都有亲子茶道、少儿茶道。夏令营大都也有茶道的课。一次性、系统性的都有，大家对于茶文化非常的需要。

我觉得社会上爱茶的人很多，有茶艺师证书的人很多，但是否都能够做茶艺老师还待商榷，希望可以多培养一些茶艺教师。

现在聊的这个话题实际上不是缺懂茶爱茶的人，而是说可以去传播茶文化的老师不够多。

尹军峰：我觉得周老师讲的“茶艺研究与推广任重而道远”这句话非常深刻。我不是搞茶艺的，对茶艺也没有概念，为了这个主题去查相关文献的时候，深切感觉到很多人对茶艺的理解是不一致的，我们搞自然科学的一般概念都比较明确，可能搞社会科学本身很多概念外延不清晰。就是说每个专家的定义概念有很多不太一样的地方，争议比较大。因此，这个内容还是刚刚起步，还有很多需要去规范的，需要梳理和研究，我的理解是这样的。

社会对茶艺的认知出现偏差，需要在推广中纠正。不知道大家前一段时间有没有在微信上看到茶艺师资格要被取消的消息，社会上有很多人都是带着一种“茶艺师要取消了”这种嘲讽的感觉。这反映了一种社会心态，就是许多人对于茶艺和茶艺的作用不理解，茶艺在推进产业发展中实际出现一些副作用。从这个角度来讲，这次沙龙的召开和梳理对于茶艺行业是非常重要的。刚才讲的泡茶、洗茶的事情，照理，洗茶本来是科学问题，是我们搞自然科学的人需要解决的，从茶艺角度要来解决这个问题很难，一方面这种做法不能正确宣传产业，而且洗茶实际上是一个自我安慰的过程，如果上升到科学理论，你如何洗？那个洗真的能解决问题吗？因此，我们在这个会议之后需要形成一种共识，我们要从产业发展角度去规范茶艺。我们常说有为才有位，在这个时候定义茶艺就得要有一个社会的责任。如果一个行业、一个职业没有社会责任，这个社会、这个产业就没有存在的道理，这个行业是走不远的，从业者也会失去目标。在这里，我想说这个责任不是高高在上的理论，因为我们行业有了这个目标，我们就可以要求茶艺从业者向这个目标去走，就会让全社会的人对茶艺有一个非常正面的理解。这样在座的所有人在从事职业的时候就不会空洞，就可以非常理直气壮、有信心去做茶艺这个事。因此，对茶艺的规范和梳理是一个非常好的事情，但也是一个任重道远的工作。谢谢！

张学广： 我是来自天津的张学广，做儿童茶艺这一块两年多，推广儿童茶艺进课堂，无我茶会进学校。今年8月份在天津搞了首届儿童茶艺大奖赛，因为天津第一次搞，请各位老师和各位懂茶艺的朋友帮我分析一下，儿童茶艺大奖赛应该注意一些什么。

肖蕾： 各位老师，各位同仁，我是湖南的肖蕾。我是读茶学出身，但是本身研究方向是茶树病虫害这一块，因为兼任湖南省的茶馆协会秘书长，跟茶馆打交道比较多，经常参加茶叶学会组织的各种活动，今天以学习的心态谈点感想。

茶艺我认为应通过茶艺师来传播。在现实生活中跟茶馆打交道打得很多，有一个很明显的困惑：茶艺师到底是干什么的？跟茶艺到底是什么关系？这里在座的可能都参加过茶艺师培训，通过茶艺师培训学习以后，自己又去开培训班教授茶艺。现实生活中茶艺师从事传播，茶艺师承担的社会责任和功能，包括他的自身属性也是很混乱。今天讨论一天都是在说推广茶文化，然后就是把这种生活和感想融入茶艺中。实际上茶艺师另外一个很重要的身份，也是一个服务员。

对于茶馆来说，我非常赞同钱老师一个说法，实际上还是一个服务，特别是像现在经营状况这么困难的情况下，很多茶馆在以前

蓬勃发展爆发的时代过去以后，大家都在寻求一个出路，到底怎样才能留住客人，怎样把茶文化推广出去，让更多的人受益，实际上我觉得还是服务的问题。为什么谈到它是服务的属性，有人一听说当茶艺师，就觉得原来你是去当服务员的，父母都不认同。在这个领域中间，学会作为中国最高茶叶专业机构，是否可以考虑对茶艺和茶艺师这个定义和定位有一个比较规范和严谨的标准。茶馆的定位实际上也是，还是很混淆的，到底是休闲场所还是服务场所。在工商管理系统里面有人说茶馆就是棋牌楼，有人又说它是餐饮，也很混乱。对于整个行业来讲现在到了一个应梳理、认真定位和严格标准、制定标准的时代，我觉得还是非常需要的。这个工作，其实应该要茶叶学会和高校牵头来做，真正的定义，茶艺到底研究什么？我认为茶确实是很好的东西，茶包容性很强，一切都可依托，可以抒情明志，排遣郁闷。但是茶馆和茶艺，我认为是大家社交活动中的一个媒介而已，可以是茶，当然也可以是酒，怎么通过媒介把传播的功能放大，首先把定义和标准制定以后，再来谈比较高的精神层面的东西。

贺益娥：我觉得茶艺的本质是一门生活的艺术，但是茶艺师是一门职业，需要工匠精神，你要把这个职业做好要付出更多的努力，而不仅仅是享受茶艺的美好，所以很多人把茶艺跟茶艺师混为一谈。

我的经验是这样的，身体力行，先通过茶艺来修身养性，强身健体，让自己受益。我的身体很好，七八年没有感冒过，我的家人也很少生病。茶叶能强身健体，让人们身体健康，同时还能修正你的行为举止，修复身体的毛病。我的家人都慢慢地受到了我的影响，喜欢上了喝茶，我身边的朋友也慢慢地对茶感兴趣了，都开始来喝茶了。我一直在做推广，用实际行动告诉别人，茶是很好的东西，给世人呈现的是最美最好最健康的自己，所以我们不用说得太多，做好自己就够了。谢谢！

周老师用非常执着的责任心把这样一个话题抛到各位面前，大家进行了共同探讨。谢谢大家。今天的沙龙活动到此结束。